Sitzungsberichte der Heidelberger Akademie der Wissenschaften

Mathematisch-naturwissenschaftliche Klasse

*Die Jahrgänge bis 1921 einschließlich erschienen im Verlag von Carl Winter, Universitäts-
buchhandlung in Heidelberg, die Jahrgänge 1922—1933 im Verlag Walter de Gruyter & Co.
in Berlin, die Jahrgänge 1934—1944 bei der Weiß'schen Universitätsbuchhandlung in
Heidelberg. 1945, 1946 und 1947 sind keine Sitzungsberichte erschienen.*

Jahrgang 1937.

1. J. L. WILSER. Beziehungen des Flußverlaufes und der Gefällskurve des Neckars zur Schichtenlagerung am Südrand des Odenwaldes. DMark 1.10.
2. E. SALKOWSKI. Die PETERSONschen Flächen mit konischen Krümmungslinien. DMark 0.75.
3. Studien im Gneisgebirge des Schwarzwaldes. V. O. H. ERDMANNSDÖRFFER. Die „Kalksilikatfelse" von SCHOLLACH. DMark 0.65.
4. Studien im Gneisgebirge des Schwarzwaldes. VI. R. WAGER. Über Migmatite aus dem südlichen Schwarzwald. DMark 2.—.
5. Studien im Gneisgebirge des Schwarzwaldes. VII. O. H. ERDMANNSDÖRFFER. Die „Kalksilikatfelse" von URACH. DMark 0.60.
6. M. MÜLLER. Die Annäherung des Integrales zusammengesetzter Funktionen mittels verallgemeinerter RIEMANNscher Summen und Anwendungen. DMark 3.30.

Jahrgang 1938.

1. K. FREUDENBERG und O. WESTPHAL. Über die gruppenspezifische Substanz A (Untersuchungen über die Blutgruppe A des Menschen). DMark 1.20.
2. Studien im Gneisgebirge des Schwarzwaldes. VIII. O. H. ERDMANNSDÖRFFER. Gneise im Linachtal. DMark 1.—.
3. J. D. ACHELIS. Die Ernährungsphysiologie des 17. Jahrhunderts. DMark 0.60.
4. Studien im Gneisgebirge des Schwarzwaldes. IX. R. WAGER. Über die Kinzigit-gneise von Schenkenzell und die Syenite vom Typ Erzenbach. DMark 2.50.
5. Studien im Gneisgebirge des Schwarzwaldes. X. R. WAGER. Zur Kenntnis der Schapbachgneise, Primärtrümer und Granulite. DMark 1.75.
6. E. HOEN und K. APPEL. Der Einfluß der Überventilation auf die willkürliche Apnoe DMark 0.80.
7. Beiträge zur Geologie und Paläontologie des Tertiärs und des Diluviums in der Um-gebung von Heidelberg. Heft 3: F. HELLER. Die Bärenzähne aus den Ablagerungen der ehemaligen Neckarschlinge bei Eberbach im Odenwald. DMark 2.25.
8. K. GOERTTLER. Die Differenzierungsbreite tierischer Gewebe im Lichte neuer experimenteller Untersuchungen. DMark 1.40.
9. J. D. ACHELIS. Über die Syphilisschriften Theophrasts von Hohenheim. I. Die Pathologie der Syphilis. Mit einem Anhang: Zur Frage der Echtheit des dritten Buches der Großen Wundarznei. DMark 1.—.
10. E. MARX. Die Entwicklung der Reflexlehre seit Albrecht von Haller bis in die zweite Hälfte des 19. Jahrhunderts. Mit einem Geleitwort von Viktor v. Weizsäcker. DMark 3.20.

Jahrgang 1939.

1. A. SEYBOLD und K. EGLE. Untersuchungen über Chlorophylle. DMark 1.10.
2. E. RODENWALDT. Frühzeitige Erkennung und Bekämpfung der Heeresseuchen. DMark 0.70.
3. K. GOERTTLER. Der Bau der Muscularis mucosae des Magens. DMark 0.60.
4. I. HAUSSER. Ultrakurzwellen. Physik, Technik und Anwendungsgebiete. DMark 1.70.

Sitzungsberichte
der Heidelberger Akademie der Wissenschaften
Mathematisch-naturwissenschaftliche Klasse
Jahrgang 1950, 4. Abhandlung

Die semilinearen Abbildungen

Von

W. Graeub
Heidelberg

Mit 25 Textabbildungen

Vorgelegt in der Sitzung vom 5. November 1949

Springer-Verlag Berlin Heidelberg GmbH

1950

ISBN 978-3-540-01499-7   ISBN 978-3-642-99828-7 (eBook)
DOI 10.1007/978-3-642-99828-7

Druck der Universitätsdruckerei H. Stürtz AG., Würzburg.

Die semilinearen Abbildungen.

Von

W. Graeub, Heidelberg.

Mit 25 Textabbildungen.

Inhaltsübersicht.

Einleitung.

Es werden geradlinige Komplexe im n-dimensionalen euklidischen Raum $\Re^n$ betrachtet, also Punktmengen, die sich in euklidische Simplexe zerlegen lassen, und es werden als simpliziale Zerlegungen nur solche in euklidische Simplexe zugelassen. Eine topologische Abbildung eines Komplexes $\Re$ auf einen Komplex $\Re'$ heißt *semilinear* oder eine s-Abbildung, wenn es simpliziale Zerlegungen K bzw. K' von $\Re$ bzw. $\Re'$ gibt, derart, daß jedes Simplex von K affin auf eines von K' abgebildet wird.

Nach ALEXANDER gibt es zu einer aus euklidischen Simplexen bestehenden 2-Sphäre $\mathfrak{S}^2$ des $\Re^3$ eine topologische Abbildung des $\Re^3$ auf sich, welche $\mathfrak{S}^2$ in den Rand eines Tetraeders überführt[1]. In § 5 der Arbeit wird darüber hinaus gezeigt, daß sich jede solche 2-Sphäre sogar durch eine s-Abbildung des $\Re^3$ auf sich in den Rand eines Tetraeders überführen läßt. Die dazu benötigten Sätze und Hilfssätze werden in den §§ 3, 4 und 6 bereitgestellt.

---

[1] On the subdivision of 3-Space by a polyhedron. Proc. Nat. Acad. Sci. USA. Bd. 10 (1924) S. 6—8.

Zwei Knotenlinien im dreidimensionalen euklidischen Raum heißen nach Reidemeister kombinatorisch isotop, wenn man sie durch endlich viele kombinatorische Deformationen ineinander überführen kann. In § 7 wird bewiesen, daß zwei Knotenlinien des $\Re^3$ genau dann kombinatorisch isotop sind, wenn man sie durch eine orientierungserhaltende s-Abbildung des $\Re^3$ ineinander überführen kann.

In § 8 werden Elementarflächenstücke betrachtet, die sich längs eines 1-Elementes selbst durchdringen, und es wird ein vollständiges Invariantensystem dieser Elementarflächenstücke gegen orientierungserhaltende s-Abbildungen des $\Re^3$ aufgestellt.

§ 9 ist von den vorhergehenden Paragraphen unabhängig; es wird gezeigt, daß sich jede topologische Selbstabbildung der Ebene durch eine isotope Deformation in eine s-Abbildung überführen läßt.

§ 1. Definition und Gruppeneigenschaft der semilinearen Abbildungen.

Unter einem *Komplex* verstehen wir im folgenden immer eine Punktmenge des Zahlenraumes $\Re^n$, die einer simplizialen Zerlegung in *euklidische* Simplexe fähig ist. Komplexe werden mit deutschen Buchstaben bezeichnet. Ein *simplizialer Komplex* ist ein Komplex mit einer bestimmten simplizialen Zerlegung in euklidische Simplexe. Simpliziale Komplexe bezeichnen wir mit lateinischen Buchstaben. Simpliziale Zerlegungen sind immer solche in *euklidische* Simplexe.

Sind K und K_1 simpliziale Zerlegungen des Komplexes $\Re$ von der Art, daß jedes Simplex von K_1 einem solchen von K angehört, so heißt K_1 eine *Unterteilung* von K. Je zwei simpliziale Zerlegungen eines Komplexes haben eine gemeinsame Unterteilung[1].

Es seien $\Re$ und $\Re_1$ zwei Komplexe und φ eine topologische Abbildung von $\Re$ auf $\Re_1$. φ heißt *semilinear*, wenn es simpliziale Zerlegungen K und K_1 von $\Re$ und $\Re_1$ gibt, welche mittels φ *simplizial* aufeinander abgebildet werden, d.h. so, daß jedes Simplex von K affin auf eines von K_1 abgebildet wird. Für semilineare Abbildung sagen wir auch kurz *s-Abbildung*.

Die identische Abbildung ist eine s-Abbildung von $\Re$ auf sich. Ist φ eine s-Abbildung von $\Re$ auf $\Re_1$, so ist φ^{-1} eine s-Abbildung von $\Re_1$ auf $\Re$. Ist weiter ψ eine s-Abbildung von $\Re_1$ auf $\Re_2$, so ist $\psi\varphi$ eine s-Abbildung von $\Re$ auf $\Re_2$. Denn wird bei φ die simpliziale Zerlegung K von $\Re$ auf die simpliziale Zerlegung K_1 von $\Re_1$ und

---

[1] Beweis: Siehe Alexandroff-Hopf [1] S. 141, Satz VI.

bei ψ die Zerlegung K_1' von $\mathfrak{K}_1$ auf die Zerlegung K_2 von $\mathfrak{K}_2$ simplizial abgebildet, so betrachte man eine gemeinsame Unterteilung K_1'' von K_1 und K_1'. Ihr entspricht vermöge φ^{-1} eine simpliziale Zerlegung K'' von $\mathfrak{K}$ und vermöge ψ eine simpliziale Zerlegung K_2'' von $\mathfrak{K}_2$. K'' wird dann mittels $\psi\varphi$ simplizial auf K_2'' abgebildet.

Wir nennen die Komplexe $\mathfrak{K}$ und $\mathfrak{K}_1$ *s-äquivalent*, wenn $\mathfrak{K}$ eine s-Abbildung auf $\mathfrak{K}_1$ gestattet. Diese Beziehung ist in der Tat eine Äquivalenzrelation, da sie, wie soeben gezeigt, reflexiv, symmetrisch und transitiv ist. Insbesondere folgt, daß die s-Abbildungen eines Komplexes auf sich eine Gruppe bilden.

Beispiel I. Ist eine semilineare Selbstabbildung des Randes eines Dreiecks gegeben, so kann man diese zu einer semilinearen Selbstabbildung des ganzen Dreiecks erweitern. Man halte den Schwerpunkt M des Dreiecks fest und bilde die von M nach den Randpunkten führenden Strecken affin aufeinander ab.

Beispiel II. $\mathfrak{e}_1$ und $\mathfrak{e}_2$ seien zwei ähnlich gelegene Dreiecke mit demselben Mittelpunkt M und $\mathfrak{e}_2$ liege ganz im Innern von $\mathfrak{e}_1$. Dann kann man eine gegebene s-Abbildung des Randes von $\mathfrak{e}_1$ auf sich zu einer s-Abbildung des abgeschlossenen Ringgebietes $\overline{\mathfrak{e}_1-\mathfrak{e}_2}$ auf sich ergänzen.

§ 2. Flächentopologie.

Eine *endliche Fläche* des $\mathfrak{R}^3$ ist ein endlicher, zweidimensionaler, zusammenhängender Komplex des $\mathfrak{R}^3$, der eine simpliziale Zerlegung mit folgenden Eigenschaften gestattet:

1. Jedes 1-Simplex ist mit einem oder mit zwei 2-Simplexen inzident. 2. Die mit einem 0-Simplex inzidenten 1- und 2-Simplexe lassen sich in eine einzige Folge anordnen, in der je zwei benachbarte inzident sind.

Die Fläche heißt *geschlossen*, wenn in einer (und damit in jeder beliebigen) simplizialen Zerlegung jedes 1-Simplex mit genau zwei 2-Simplexen inzident ist, andernfalls *berandet*. Der Hauptsatz der Flächentopologie besagt, daß zwei Flächen dann und nur dann topologisch aufeinander abbildbar sind, wenn sie in Charakteristik, Ränderzahl und Orientierbarkeitscharakter übereinstimmen. Dieser Satz gilt auch dann noch, wenn man „topologisch abbildbar" durch „semilinear abbildbar" ersetzt. Der Beweis des Hauptsatzes für semilineare Abbildungen unterscheidet sich nur unwesentlich von dem für topologische Abbildungen[1] und kann hier übergangen werden.

---

[1] Vgl. Seifert-Threlfall [4] S. 130ff.

Wir haben nur orientierbare Flächen zu betrachten. Die allgemeinste orientierbare Fläche läßt sich bekanntlich darstellen als Kugel mit $h(\geq 0)$-Henkeln und $r(\geq 0)$-Löchern; h heißt das *Geschlecht* der Fläche. Die Charakteristik N drückt sich durch Geschlecht und Ränderzahl folgendermaßen aus:

$$N = 2(h-1) + r. \tag{1}$$

Die Charakteristik einer orientierbaren Fläche ist also nie kleiner als -2. Mit Hilfe von (1) sind wir in der Lage, alle orientierbaren Flächen zu einer gegebenen Charakteristik aufzuzählen. Für $N = -2$ hat (1) nur die Lösung $h = 0$, $r = 0$. Es gibt also (bis auf s-Äquivalenz) nur eine Fläche zu dieser Charakteristik, die *2-Sphäre*. Diese ist nach (1) geschlossen. Zum Beispiel ist der Rand eines 3-Simplexes eine 2-Sphäre. Zur Charakteristik -1 gibt es genau eine orientierbare Fläche, das *zweidimensionale Element* oder *Elementarflächenstück* ($h = 0$, $r = 1$). Zum Beispiel ist ein 2-Simplex ein Elementarflächenstück. Zur Charakteristik 0 gibt es bereits zwei orientierbare Flächen, den *Torus* ($h = 1$, $r = 0$) und den *Kreisring* ($h = 0$, $r = 2$).

Unter einer *1-Sphäre* verstehen wir das semilineare Bild des Randes eines Dreiecks. Eine 1-Sphäre, die auf einer Fläche liegt und zu deren Rand punktfremd ist, heißt ein *Rückkehrschnitt* der Fläche. Da sich bei dem Aufschneiden einer Fläche längs eines Rückkehrschnittes die Charakteristik nicht ändert und eine Fläche durch Aufschneiden, wenn überhaupt, dann offenbar nur in zwei Flächen zerfällt, so kommen für die aufgeschnittene 2-Sphäre nur zwei Fälle in Frage. Entweder die Fläche zerfällt nicht; da die einzige Fläche der Charakteristik -2 die (geschlossene) 2-Sphäre ist und durch Aufschneiden berandete Flächen entstehen, scheidet dieser Fall aus. Oder es entstehen zwei Flächen mit je einem Rande und der Charakteristik -1. Das sind aber nach dem angeführten Hauptsatz zwei Elementarflächenstücke. Die 2-Sphäre zerfällt daher durch einen Rückkehrschnitt in zwei Elementarflächenstücke. Ebenso sieht man, daß ein Elementarflächenstück durch einen Rückkehrschnitt in ein Elementarflächenstück und einen Kreisring zerfällt.

Eine 1-Sphäre in der Zahlenebene schneidet aus dieser ein Elementarflächenstück aus. Denn man kann die 1-Sphäre in ein hinreichend großes Dreieck einschließen und auf dieses (als Elementarflächenstück) das vorangehende Ergebnis anwenden.

Unter einem *1-Element* verstehen wir das semilineare Bild eines 1-Simplexes. Die Bilder der beiden Randpunkte des 1-Simplexes heißen *Randpunkte* des 1-Elementes. Ein 1-Element, das auf einer berandeten Fläche liegt und nur seine beiden Randpunkte mit dem Rande der Fläche gemeinsam hat, heißt *Querschnitt* der berandeten Fläche. Die Charakteristik einer berandeten Fläche wird durch Aufschneiden längs eines Querschnittes um 1 kleiner. Ist die berandete Fläche insbesondere ein Elementarflächenstück, so wird die Charakteristik nach dem Aufschneiden längs eines Querschnittes gleich — 2, was nur dadurch möglich ist, daß zwei Elementarflächenstücke entstehen.

Nach diesen Vorbereitungen beweisen wir drei Sätze über s-Abbildungen.

Satz I. $\mathfrak{S}^2$ *sei eine 2-Sphäre, welche durch einen Rückkehrschnitt $\mathfrak{s}$ in zwei Elementarflächenstücke $\mathfrak{F}_1$ und $\mathfrak{F}_2$ zerlegt wird. Haben dann '$\mathfrak{s}$, '$\mathfrak{F}_1$ und '$\mathfrak{F}_2$ entsprechende Bedeutung auf einer 2-Sphäre '$\mathfrak{S}^2$, so gibt es eine s-Abbildung von $\mathfrak{S}^2$ auf '$\mathfrak{S}^2$, welche $\mathfrak{s}$, $\mathfrak{F}_1$, $\mathfrak{F}_2$ auf '$\mathfrak{s}$, '$\mathfrak{F}^1$, '$\mathfrak{F}^2$ abbildet.*

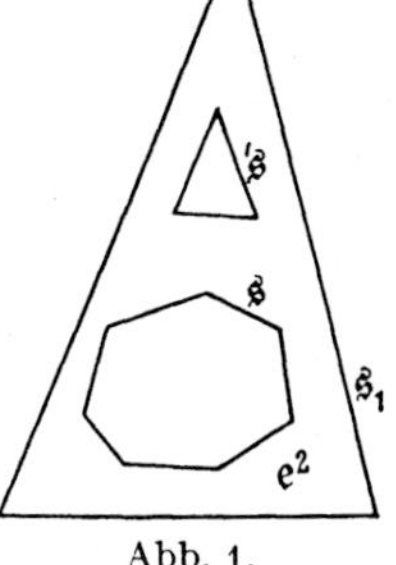

Abb. 1.

Beweis. Es sei φ eine s-Abbildung von $\mathfrak{s}$ auf '$\mathfrak{s}$. Man kann φ zu einer s-Abbildung von $\mathfrak{F}_1$ auf '$\mathfrak{F}_1$ und ebenso zu einer von $\mathfrak{F}_2$ auf '$\mathfrak{F}_2$ erweitern unter Benutzung der Tatsache, daß ein Elementarflächenstück semilinear auf ein 2-Simplex abbildbar ist und für dieses die Erweiterungsmöglichkeit in § 1 Beispiel I (S. 5) bewiesen wurde. Damit ist der Satz bewiesen.

Satz II. *Es sei $\mathfrak{F}$ ein Elementarflächenstück, das durch einen Querschnitt $\mathfrak{q}$ in zwei Elementarflächenstücke $\mathfrak{F}_1$ und $\mathfrak{F}_2$ zerlegt ist. Haben dann '$\mathfrak{q}$, '$\mathfrak{F}_1$ und '$\mathfrak{F}_2$ entsprechende Bedeutung für ein zweites Elementarflächenstück '$\mathfrak{F}$, so gibt es eine s-Abbildung von $\mathfrak{F}$ auf '$\mathfrak{F}$, welche $\mathfrak{q}$, $\mathfrak{F}_1$, $\mathfrak{F}_2$ in '$\mathfrak{q}$, '$\mathfrak{F}_1$, '$\mathfrak{F}_2$ überführt.* Der Beweis verläuft analog zu dem von Satz I.

Satz III. *Eine 1-Sphäre $\mathfrak{s}$ der Zahlenebene ist durch eine s-Abbildung der Zahlenebene auf sich in den Rand eines 2-Simplexes überführbar.*

Beweis. Wir schließen $\mathfrak{s}$ in ein 2-Simplex $\mathfrak{e}^2$ mit dem Rande $\mathfrak{s}_1$ ein und verstehen unter '$\mathfrak{s}$ den Rand eines im Innern von $\mathfrak{e}^2$ liegenden zu $\mathfrak{e}^2$ ähnlich gelegenen 2-Simplexes (Abb. 1). Nach dem Hauptsatze der Flächentopologie läßt sich der von $\mathfrak{s}_1$ und $\mathfrak{s}$ berandete Kreisring semilinear auf den von $\mathfrak{s}_1$ und '$\mathfrak{s}$ berandeten abbilden. Dabei kann $\mathfrak{s}_1$ zunächst irgendwie semilinear auf sich abgebildet worden sein. Durch eine anschließende semilineare Selbstabbildung des von $\mathfrak{F}_1$ un d'$\mathfrak{F}$ berandeten Kreisringes kann man nach § 1 Beispiel II (S. 5) erreichen, daß $\mathfrak{F}_1$ punktweise festbleibt. Ferner gibt es nach dem Hauptsatz der Flächentopologie eine s-Abbildung des abgeschlossenen Innern von $\mathfrak{F}$ auf das von '$\mathfrak{F}$; nach § 1 Beispiel I (S. 5) können wir diese s-Abbildung so wählen, daß sie auf $\mathfrak{F}$ mit der soeben konstruierten s-Abbildung der beiden Kreisringe aufeinander übereinstimmt. Damit haben wir eine s-Abbildung des abgeschlossenen Innern von $\mathfrak{F}_1$ auf sich, welche $\mathfrak{F}$ in '$\mathfrak{F}$ überführt und auf $\mathfrak{F}_1$ die Identität ist. Diese können wir zu einer s-Abbildung der ganzen Ebene auf sich erweitern, indem wir alle Punkte des Äußeren von $\mathfrak{F}_1$ festlassen. Damit ist Satz III bewiesen.

§ 3. Simpliziale Komplexe im $\mathfrak{R}^n$.

Es sei K ein simplizialer Komplex des $\mathfrak{R}^n$ und $\mathfrak{K}$ die Menge der Punkte, die auf den Simplexen von K liegen.

Unter einer *simplizialen Deformation* $\{\psi_t\}$ des simplizialen Komplexes K verstehen wir eine Schar von simplizialen Abbildungen $\psi_t (0 \leq t \leq 1)$ von K in den $\mathfrak{R}^n$, welche folgende Bedingungen erfüllen:

1. ψ_0 ist die Identität.

2. ψ_t ist auf dem topologischen Produkt des Komplexes $\mathfrak{K}$ mit der Strecke $0 \leq t \leq 1$ stetig.

Die Abbildung ψ_t ist durch die Bilder $A_{\mu, t} = \psi_t(A_\mu)$ der Ecken A_μ von K eindeutig bestimmt. Ist die Abbildung ψ_t außerdem für jedes t topologisch (also semilinear), so nennen wir die Deformation $\{\psi_t\}$ *isotop simplizial*. In diesem Falle wird die Bildmenge $\psi_t(\mathfrak{K})$ durch die Bilder der Simplexe von K simplizial zerlegt.

Satz I. *Es sei K ein simplizialer Komplex des $\mathfrak{R}^n$ mit den Ecken $A_1 \dots A_m$ und $\{\psi_t\}$ $(0 \leq t \leq 1)$ eine isotope simpliziale Deformation von K. Dann läßt sich die Endabbildung ψ_1 zu einer s-Abbildung des $\mathfrak{R}^n$ auf sich ergänzen und diese ist außerhalb eines genügend großen n-Simplexes die Identität.*

Dem Beweis schicken wir drei Hilfssätze voraus.

Hilfssatz I. *Es sei φ eine stetige Abbildung eines simplizialen Komplexes K in den $\mathfrak{R}^n$ mit folgenden Eigenschaften:*

(A_1). Die einzelnen Simplexe von K werden eineindeutig und affin abgebildet.

(A_2). Die Bilder punktfremder Simplexe von K sind punktfremd. Dann ist die Abbildung φ eineindeutig.

Beweis. Nehmen wir entgegen der Behauptung an, es gäbe zwei Punkte P und Q mit demselben Bildpunkt. P und Q sind mittlere Punkte[1] zweier Simplexe $\mathfrak{E}^p$ und $\mathfrak{E}^q$ von K, und die Simplexe $\mathfrak{E}^p$ und $\mathfrak{E}^q$ sind durch P und Q eindeutig bestimmt. Wir nennen P und Q ein ausgezeichnetes Punktepaar und $p+q$ seine Ordnung. Wegen (A_1) ist keines der beiden Simplexe $\mathfrak{E}^p$ und $\mathfrak{E}^q$ Seite des anderen und wegen (A_2) sind sie nicht punktfremd. Sie haben also eine gemeinsame Seite $\mathfrak{E}^r (0 \leq r < p, q)$. R sei ein Punkt von $\mathfrak{E}^r$. Der Durchschnitt der Geraden RP (bzw. RQ) mit dem Simplex $\mathfrak{E}^p$ (bzw. $\mathfrak{E}^q$) sei die Strecke RP_1 (bzw. RQ_1^*); bildet man diese beiden Geraden affin so aufeinander ab, daß P und Q entsprechende Punkte sind, während R sich selbst zugeordnet ist, so entspricht entweder P_1 einem Punkte Q_1 der Strecke RQ_1^* oder Q_1^* einem Punkte P_1^* der Strecke RP_1. Es ist keine Einschränkung, das erstere anzunehmen. Dann ist, da φ auf $\mathfrak{E}^p$ und $\mathfrak{E}^q$ affin ist, $\varphi(P_1) = \varphi(Q_1)$.

P_1 ist mittlerer Punkt eines Simplexes $\mathfrak{E}^{p_1}$, Q_1 mittlerer Punkt eines Simplexes $\mathfrak{E}^{q_1}$. Dabei ist $p_1 < p$, da $\mathfrak{E}^{p_1}$ Seite von $\mathfrak{E}^p$ ist, und $q_1 \leq q$. Wir haben damit gezeigt, daß es zu jedem ausgezeichneten Punktpaar (P, Q) ein anderes (P_1, Q_1) mit kleinerer Ordnung gibt. Das ist aber unmöglich, da die Ordnungen nicht negativ sein können.

Hilfssatz II. *In einer simplizialen Zerlegung Z des $\mathfrak{R}^n$ seien endlich viele Ecken $A_1 \ldots A_m$ ausgewählt. Dann gibt es eine Zahl $\varepsilon > 0$, so daß die simpliziale Abbildung φ des $\mathfrak{R}^n$, die man erhält, wenn man $A_1 \ldots A_m$ um weniger als ε verschiebt, eine topologische Abbildung des $\mathfrak{R}^n$ auf sich ist.*

Beweis. a) Wir wählen ε so klein, daß φ die Bedingungen des Hilfssatzes I erfüllt; dies läßt sich immer erreichen, da bei φ nur endlich viele Simplexe von Z abgeändert werden. Dann ist φ eineindeutig nach Hilfssatz I.

b) Gäbe es einen Punkt P, der nicht Bildpunkt ist, so verbinde man ihn geradlinig mit einem mittleren Punkte Q eines Bild-n-Simplexes. Den Punkt Q kann man dabei so wählen, daß die Strecke PQ punktfremd ist zu den Bildern der $(n-2)$-Simplexe von Z. Auf PQ gibt es einen ersten Punkt R, welcher Bildpunkt ist. Dieser gehört einem Bild-$(n-1)$-Simplexe $'\mathfrak{E}^{n-1} = \varphi(\mathfrak{E}^{n-1})$ an, und zwar ist er mittlerer Punkt dieses Simplexes. Da die Bilder der beiden mit $'\mathfrak{E}^{n-1}$ inzidenten n-Simplexe zu beiden Seiten von $'\mathfrak{E}^{n-1}$ liegen (wegen der Eineindeutigkeit von φ), kann R nicht der

---

[1] Definition s. SEIFERT-THRELFALL [4] S. 38.

erste Bildpunkt auf PQ sein. Aus diesem Widerspruche folgt, daß jeder Punkt des $\Re^n$ Bildpunkt ist.

Hilfssatz III. *Es sei K ein simplizialer Komplex des $\Re^n$ mit den Ecken $A_1 \ldots A_m$. Dann gibt es eine Zahl $\varepsilon > 0$, so daß man die simpliziale Abbildung, die man durch Verschieben der Ecken von K um weniger als ε erhält, zu einer s-Abbildung des $\Re^n$ auf sich ergänzen kann.*

Beweis. Unter Zuhilfenahme der linearen Räume, denen die Simplexe von K angehören, läßt sich eine simpliziale Zerlegung Z des $\Re^n$ bilden, so daß eine passende Unterteilung K^* von K aus Simplexen von Z besteht. Die Ecken von Z zerfallen in drei Klassen:

1. Die Ecken A_μ von K, $(\mu = 1 \ldots m)$.
2. Die Ecken $B_\varkappa$ von K^*, die nicht Ecken von K sind, $(\varkappa = 1 \ldots k)$.
3. Die übrigen Ecken, die C_λ heißen mögen, $(\lambda = 1, 2 \ldots)$.

Sind $A'_\mu (\mu = 1 \ldots m)$ m beliebige Punkte des $\Re^n$, so ist durch die Zuordnung $A_\mu \to A'_\mu$ eine simpliziale Abbildung ψ von K in den $\Re^n$ gegeben. $B'_\varkappa$ sei der Bildpunkt von $B_\varkappa$. Wir betrachten nun die durch die Zuordnung

$$A_\mu \to A'_\mu, \qquad B_\varkappa \to B'_\varkappa, \qquad C_\lambda \to C_\lambda$$

gegebene simpliziale Abbildung φ des $\Re^n$. Diese ist auf K mit ψ identisch. Liegt A'_μ hinreichend nahe an A_μ (und daher auch $B'_\varkappa$ hinreichend nahe an $B_\varkappa$), so ist φ nach Hilfssatz II eine topologische Abbildung des $\Re^n$ auf sich.

Beweis von Satz I. Es sei $\bar{t}$ ein beliebiger Punkt der Strecke $0 \leq t \leq 1$. Die Abbildung $\psi_{\bar{t}}$ führt K in einen simplizialen Komplex $K_{\bar{t}}$ mit den Ecken $A_{\mu, \bar{t}} (\mu = 1 \ldots m)$ über. Ist t irgendein anderer Punkt der Strecke $0 \leq t \leq 1$, so ist $\psi_t \psi_{\bar{t}}^{-1}$ eine simpliziale Abbildung von $K_{\bar{t}}$ auf K_t. Wegen Hilfssatz III gibt es eine Zahl $\delta_{\bar{t}}$, so daß die Abbildung $\psi_t \psi_{\bar{t}}^{-1}$, falls $|t - \bar{t}| < \delta_{\bar{t}}$ ist, zu einer s-Abbildung des $\Re^n$ auf sich ergänzt werden kann. Da $\bar{t}$ ein beliebiger Punkt der Strecke $0 \leq t \leq 1$ war, kann man diese nach dem Heine-Borelschen Überdeckungssatz mit einer genügend großen Anzahl von Teilpunkten $0 = t_0 < t_1 < \cdots < t_N = 1$ so belegen, daß jede Abbildung $\psi_{t_{\nu+1}} \psi_{t_\nu}^{-1}$ von K_{t_ν} auf $K_{t_{\nu+1}}$ zu einer s-Abbildung des $\Re^n$ auf sich ergänzt werden kann. Diese s-Abbildungen des $\Re^n$, nacheinander ausgeführt, ergeben eine s-Abbildung des $\Re^n$ auf sich, welche auf K mit ψ_1 übereinstimmt. Da alle Faktorabbildungen außerhalb eines hinreichend großen Simplexes die Identität sind, gilt gleiches von der Produktabbildung. Damit ist Satz I bewiesen.

Beispiel I. *Ein 1-Element des $\mathfrak{R}^n$ läßt sich durch eine s-Abbildung des $\mathfrak{R}^n$ auf sich in eine Strecke überführen.*

Beweis. Es bezeichne K das 1-Element mit einer solchen simplizialen Zerlegung, daß niemals zwei aufeinanderfolgende 1-Simplexe in einer Geraden liegen; $A_1 \ldots A_m$ seien die Ecken von K. Wir wählen auf der von A_2 und A_3 bestimmten Geraden auf einer passenden Seite von A_2 einen Punkt A_1' so nahe an A_2, daß das 2-Simplex $(A_1 A_2 A_1')$ mit K nur die Strecke $A_1 A_2$ zum Durchschnitt hat (Abb. 2). Nun führen wir die Ecke A_1 längs $A_1 A_1'$ in A_1' über. Dies ist eine isotope simpliziale Deformation von K. Nach Satz I

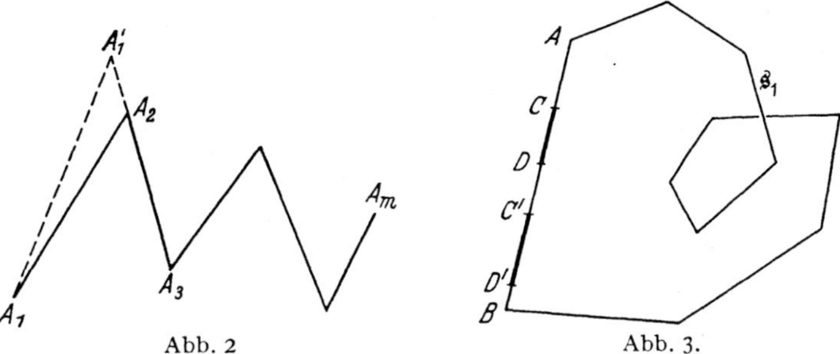

Abb. 2   Abb. 3.

(S. 8) gibt es daher eine s-Abbildung des $\mathfrak{R}^n$, welche K in das 1-Element $K + A_1 A_2 + A_1' A_2 \pmod 2$ überführt. Durch $(m-2)$-malige Anwendung dieses Verfahrens erhalten wir eine s-Abbildung des $\mathfrak{R}^n$, die K in eine Strecke überführt.

Beispiel II. *Eine 1-Sphäre $\mathfrak{s}$ des $\mathfrak{R}^n$ läßt sich durch eine s-Abbildung des $\mathfrak{R}^n$ auf sich so in sich überführen, daß ein vorgegebenes Stück $\mathfrak{t}$ in ein vorgegebenes Stück $\mathfrak{t}'$ übergeht.*

Beweis. a) Wir nehmen zunächst an, daß $\mathfrak{t}$ und $\mathfrak{t}'$ punktfremd sind. Dann gibt es ein auf $\mathfrak{s}$ liegendes 1-Element $\mathfrak{u}$, welches $\mathfrak{t}$ und $\mathfrak{t}'$ im Innern enthält. Nach Beispiel I gibt es eine s-Abbildung φ des $\mathfrak{R}^n$ auf sich, welche $\mathfrak{u}$ in eine Strecke AB überführt. Dabei gehen $\mathfrak{t}$ und $\mathfrak{t}'$ in zwei im Innern von AB liegende Strecken CD und $C'D'$ und $\mathfrak{s}$ in eine 1-Sphäre $\mathfrak{s}_1$ über (Abb. 3). s_1 sei die 1-Sphäre $\mathfrak{s}_1$ mit einer solchen simplizialen Zerlegung, daß im Innern von AB genau die Ecken C und D liegen. Wir führen nun die Ecken C und D längs CC' bzw. DD' in die Punkte C' und D' über und halten alle anderen Ecken von s_1 fest. Dies ist eine isotope simpliziale Deformation von s_1. Nach Satz I (S. 8) gibt es daher eine s-Abbildung ψ des $\mathfrak{R}^n$ auf sich, welche $\mathfrak{s}_1$ in sich und CD in $C'D'$ überführt. Daher ist $\varphi^{-1} \psi \varphi$ die verlangte s-Abbildung.

b) Sind t und t' nicht punktfremd, so gibt es zwei auf $\mathfrak{s}$ liegende, zueinander punktfremde 1-Elemente t_1 und t_1', so daß t_1 zu t und t_1' zu t' punktfremd ist. Nach a) gibt es dann eine s-Abbildung ψ_1 (bzw. ψ_1') des $\mathfrak{R}^n$, welche $\mathfrak{s}$ in sich und t in t_1 (bzw. t' in t_1') überführt. Ferner gibt es, ebenfalls nach a), eine s-Abbildung ψ des $\mathfrak{R}^n$, welche $\mathfrak{s}$ in sich und t_1 in t_1' überführt. Dann führt $\psi_1'^{-1}\,\psi\,\psi_1$ die 1-Sphäre $\mathfrak{s}$ in sich und t in t' über.

Beispiel III. *Es seien $\mathfrak{F}_1$ und $\mathfrak{F}_2$ zwei Elementarflächenstücke des $\mathfrak{R}^3$, deren Durchschnitt aus dem gemeinsamen Rand $\mathfrak{s}$ besteht und $\mathfrak{K}$ ein Komplex, dessen Durchschnitt mit $\mathfrak{F}_1 + \mathfrak{F}_2$ aus $\mathfrak{s}$ besteht und der zum Innern der 2-Sphäre $\mathfrak{F}_1 + \mathfrak{F}_2$ fremd ist. Gibt es dann eine s-Abbildung φ des $\mathfrak{R}^3$ auf sich, welche die 2-Sphäre $\mathfrak{F}_1 + \mathfrak{F}_2$ in den Rand eines 3-Simplexes $\mathfrak{e}^3$ überführt[1], so gibt es auch eine s-Abbildung des $\mathfrak{R}^3$ auf sich, welche $\mathfrak{F}_1$ in $\mathfrak{F}_2$ überführt und auf $\mathfrak{K}$ die Identität ist.*

Beweis. $\mathfrak{e}^3$ habe die Ecken A_0, A_1, A_2, A_3. Wir können annehmen, daß φ das Flächenstück $\mathfrak{F}_2$ in die Seite $(A_1 A_2 A_3)$ von $\mathfrak{e}^3$ und daher $\mathfrak{F}_1$ in die anderen drei Seiten von $\mathfrak{e}^3$ überführt. Denn nach § 2 Satz I (S. 7) gibt es eine s-Abbildung des Randes von $\mathfrak{e}^3$ auf sich, welche $\varphi(\mathfrak{F}_2)$ in $(A_1 A_2 A_3)$ überführt und diese können wir zu einer s-Abbildung des $\mathfrak{R}^3$ auf sich ergänzen, indem wir die vom Mittelpunkte von $\mathfrak{e}^3$ ausgehenden Halbgeraden affin aufeinander abbilden. Z sei eine simpliziale Zerlegung von $\varphi(\mathfrak{K})$; diese erweitern wir zu einer simplizialen Zerlegung von $\varphi(\mathfrak{K} + \mathfrak{F}_1)$, indem wir alle auf dem Rande von $(A_1 A_2 A_3)$ liegenden Ecken von Z durch Kanten mit A_0 verbinden. K_1 sei der simpliziale Komplex, der aus $\varphi(\mathfrak{K} + \mathfrak{F}_1)$ durch diese Zerlegung entsteht. Ist M der Mittelpunkt von $(A_1 A_2 A_3)$, so führen wir die Ecke A_0 längs $A_0 M$ in den Punkt M über und halten alle anderen Ecken von K_1 fest. Da $\varphi(\mathfrak{K})$ zum Innern von $\mathfrak{e}^3$ fremd ist, ist dies eine isotope simpliziale Deformation $\{\psi_t\}$ $(0 \leq t \leq 1)$ des simplizialen Komplexes K_1. Die Endabbildung ψ_1 läßt sich nach Satz I (S. 8) zu einer s-Abbildung ψ des $\mathfrak{R}^3$ auf sich erweitern. Diese führt $\varphi(\mathfrak{F}_1)$ in $\varphi(\mathfrak{F}_2)$ über und ist auf $\varphi(\mathfrak{K})$ die Identität. Daher ist $\varphi^{-1}\,\psi\,\varphi$ die verlangte Abbildung.

Beispiel IV. *Es sei $\mathfrak{F}$ ein Elementarflächenstück des $\mathfrak{R}^3$, das durch einen Querschnitt $\mathfrak{q}$ in zwei Teile $\mathfrak{F}'$ und $\mathfrak{F}''$ zerlegt ist. Der Rand von $\mathfrak{F}$ wird entsprechend in zwei 1-Elemente t' und t'' zerlegt. $\mathfrak{K}$ sei ein Komplex, dessen Durchschnitt mit $\mathfrak{F}$ aus t' besteht. Gibt es dann eine s-Abbildung des $\mathfrak{R}^3$, die $\mathfrak{F}$ in ein 2-Simplex überführt[2],*

---

[1] Wir werden in § 5 zeigen, daß es stets eine solche s-Abbildung gibt.
[2] Wir werden in § 4 zeigen, daß es stets eine solche s-Abbildung gibt.

so gibt es auch eine s-Abbildung des $\Re^3$, *die* $\mathfrak{F}$ *in* $\mathfrak{F}'$ *überführt und auf* $\overset{\centerdot}{\mathfrak{K}}$ *die Identität ist.*

Beweis. Nach Voraussetzung gibt es eine s-Abbildung φ des $\Re^3$, welche $\mathfrak{F}$ in ein 2-Simplex (PQR) überführt. Nach § 1 Beispiel I (S. 5) können wir annehmen, daß dabei das 1-Element $\mathfrak{t}'$ in die Strecke PQ übergeht. S sei der Mittelpunkt von PQ und O ein mittlerer Punkt der Strecke SR (Abb. 4). Nach § 2 Satz II (S. 7) können wir weiter annehmen, daß die Abbildung φ das Flächenstück $\mathfrak{F}'$ in das 2-Simplex (PQO) überführt.

Der Bildkomplex $\mathfrak{K}'$ von $\mathfrak{K}$ hat mit dem 2-Simplex (PQR) die Seite PQ zum Durchschnitt. z sei eine simpliziale Zerlegung von $\mathfrak{K}'$. Diese erweitern wir zu einer simplizialen Zerlegung des Komplexes $\mathfrak{K}' + (PQR)$, indem wir alle auf PQ liegenden Ecken von z durch Kanten mit O verbinden. K' sei der simpliziale Komplex, der aus $\mathfrak{K}' + (PQR)$ durch diese Zerlegung entsteht. Nun führen wir den Punkt R längs RO in den Punkt O und gleichzeitig den Punkt O längs OS in den Mittelpunkt der Strecke OS über, während alle anderen Ecken von K' festbleiben. Dies ist eine isotope simpliziale Deformation des simplizialen Komplexes K'. Nach Satz I (S. 8)

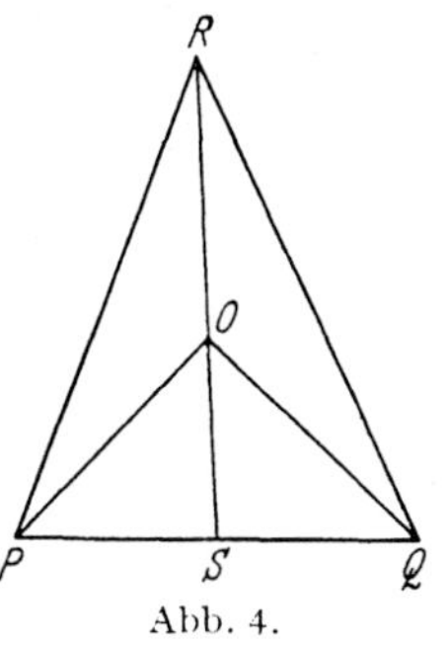

Abb. 4.

gibt es daher eine s-Abbildung ψ des $\Re^3$, welche $\mathfrak{K}' + (PQR)$ in $\mathfrak{K}' + (PQO)$ überführt und auf $\mathfrak{K}'$ die Identität ist. Dann ist $\varphi^{-1}\psi\varphi$ die verlangte Abbildung.

Satz II. *Sind die beiden Komplexe* $\mathfrak{K}$ *und* $\mathfrak{K}'$ *durch eine s-Abbildung* φ *des* $\Re^n$ *auf sich mit Erhaltung der Orientierung ineinander überführbar und liegen beide im Innern des Simplexes* $\mathfrak{E}^n$, *so gibt es eine s-Abbildung des* $\Re^n$ *auf sich, welche auf* $\mathfrak{K}$ *mit* φ *übereinstimmt und außerhalb* $\mathfrak{E}^n$ *die Identität ist.*

Beweis. a) $\mathfrak{e}^n$ sei ein Simplex, in welchem die Abbildung φ affin ist und welches samt dem Bildsimplex $\varphi(\mathfrak{e}^n)$ im Äußern von $\mathfrak{E}^n$ liegt. Wir führen $\mathfrak{e}^n$ durch eine isotope simpliziale Deformation $\{\psi^t\}$ $(0 \leq t \leq 1)$ in $\varphi(\mathfrak{e}^n)$ über, so daß entsprechende Eckpunkte ineinander übergehen; dies ist möglich, da φ die Orientierung erhält.

Die Deformation werde überdies so vorgenommen, daß die dabei von $\mathfrak{e}^n$ überstrichene Punktmenge ganz im Äußern von $\mathfrak{E}^n$ liegt. Dann ist $\{\psi_t\}$ gleichzeitig eine isotope simpliziale Deformation des aus den beiden Simplexen $\mathfrak{E}^n$ und $\mathfrak{e}^n$ bestehenden simplizialen

Komplexes, wenn wir die Ecken von $\mathfrak{E}^n$ festhalten. Die End-abbildung ψ_1 kann nach Satz I (S. 8) zu einer s-Abbildung χ des $\mathfrak{R}^n$ auf sich ergänzt werden. Daher stimmt die Abbildung $\varphi_1 = \chi^{-1}\varphi$ auf $\mathfrak{K}$ mit φ überein und ist in e^n die Identität.

Ferner gibt es eine s-Abbildung ψ des $\mathfrak{R}^n$ auf sich, welche $\mathfrak{K}$ in einen innerhalb e^n liegenden Komplex $\mathfrak{K}_1$ überführt und außerhalb eines genügend großen Simplexes die Identität ist. Dies folgt z. B. aus Satz I (S. 8), da wir den Komplex $\mathfrak{K}$ ähnlich zusammenziehen können, wobei das Ähnlichkeitszentrum etwa der Mittelpunkt von e^n ist. Die Abbildung $\varphi_2 = \varphi_1 \psi^{-1}\varphi_1^{-1}\psi$ ist daher auf dem Komplex $\mathfrak{K}$ mit φ identisch; da ψ außerhalb eines genügend großen Simplexes die Identität ist, gilt gleiches von $\varphi_1\psi^{-1}\varphi_1^{-1}$ und damit von φ_2.

b) Wir wählen das Simplex $'\mathfrak{E}^n$ so groß, daß es $\mathfrak{E}^n$ im Innern enthält und daß φ_2 außerhalb $'\mathfrak{E}^n$ die Identität ist, was nach a) möglich ist. Z sei eine simpliziale Zerlegung der Vereinigungs-menge $\mathfrak{K} + \mathfrak{K}'$ und L sei der simpliziale Komplex, der aus den Sim-plexen von Z und den Seitensimplexen von $\mathfrak{E}^n$ besteht. Wir führen nun $\mathfrak{E}^n$ durch eine isotope simpliziale Deformation $\{\psi_t\}$ $(0 \le t \le 1)$ in $'\mathfrak{E}^n$ über, so daß das Simplex $\psi_t(\mathfrak{E}^n)$ für jedes $t\,(0 \le t \le 1)$ die Komplexe $\mathfrak{K}$ und $\mathfrak{K}'$ im Innern enthält, während wir die Ecken von Z festhalten. Dann ist $\{\psi_t\}$ eine isotope simpliziale Deformation des Komplexes L. Die Endabbildung ψ_1 kann nach Satz I (S. 8) zu einer s-Abbildung φ_3 des $\mathfrak{R}^n$ auf sich ergänzt werden. φ_3 führt das Simplex $\mathfrak{E}^n$ in $'\mathfrak{E}^n$ über und ist auf $\mathfrak{K} + \mathfrak{K}'$ die Identität. Daher ist die s-Abbildung $\varphi_3^{-1}\varphi_2\varphi_3$ auf $\mathfrak{K}$ mit φ_2 und damit mit φ identisch und außerhalb $\mathfrak{E}^n$ die Identität.

Satz III. *Es sei $\mathfrak{S}^3$ der Rand, $\mathfrak{E}^3$ eine dreidimensionale Seite eines 4-Simplexes, A ein nicht zu $\mathfrak{E}^3$ gehöriger Punkt von $\mathfrak{S}^3$ und $\mathfrak{M} \subset \mathfrak{S}^3$ eine Punktmenge, die fremd zu einer Umgebung von A ist. Dann gibt es eine s-Abbildung von $\mathfrak{S}^3$ auf sich, so daß $\mathfrak{E}^3$ ähnlich auf ein 3-Simplex in seinem Innern abgebildet wird und das Bild von $\mathfrak{M}$ im Innern von $\mathfrak{E}^3$ liegt.*

Beweis. a) Wir betrachten das 4-Simplex, welches durch Pro-jektion von $\mathfrak{E}^3$ von A aus entsteht; sein Rand sei $'\mathfrak{S}^3$. Durch Projektion von $\mathfrak{S}^3$ auf $'\mathfrak{S}^3$ vom Mittelpunkte von $'\mathfrak{S}^3$ aus ist eine s-Abbildung φ von $\mathfrak{S}^3$ auf $'\mathfrak{S}^3$ bestimmt, welche A in sich überführt und auf $\mathfrak{E}^3$ die Identität ist. α sei die Affinität des $\mathfrak{R}^4$, welche die Ecken von $\mathfrak{E}^3$ festläßt und A in die dem Simplex $\mathfrak{E}^3$ gegenüberliegende Ecke P von $\mathfrak{S}^3$ überführt. Dann ist $\alpha\varphi$ eine s-Abbildung von $\mathfrak{S}^3$ auf sich, welche A in P überführt und auf $\mathfrak{E}^3$ die Identität ist.

b) Nach a) können wir annehmen, daß die Menge $\mathfrak{M}$ zu einer Umgebung *der Ecke P* fremd ist. Dann gibt es eine Ähnlichkeitsabbildung β mit dem Zentrum P, so daß $\beta(\mathfrak{S}^3)$ zu $\mathfrak{M}$ fremd ist. B sei der Mittelpunkt des von $\beta(\mathfrak{S}^3)$ berandeten 4-Simplexes und γ die s-Abbildung, welche durch Projektion von $\mathfrak{S}^3$ auf $\beta(\mathfrak{S}^3)$ von B aus bestimmt ist. Bei der Abbildung γ geht $\mathfrak{E}^3$ in ein ähnliches Simplex im Innern des Simplexes $\beta(\mathfrak{E}^3)$ und die Menge $\mathfrak{M}$ in eine Menge im Innern von $\beta(\mathfrak{E}^3)$ über. Daher ist $\beta^{-1}\gamma$ die gewünschte s-Abbildung.

Korollar zu Satz III. *Zu einer Punktmenge $\mathfrak{M}$ auf dem Rande $\mathfrak{S}^3$ eines 4-Simplexes, welche zu einer Umgebung eines Punktes von $\mathfrak{S}^3$ fremd ist, gibt es eine s-Abbildung φ von $\mathfrak{S}^3$ auf sich, so daß $\varphi(\mathfrak{M})$ im Innern einer dreidimensionalen Seite von $\mathfrak{S}^3$ liegt.*

§ 4. Elementarflächenstücke im $\mathfrak{R}^3$.

Es sei $\mathfrak{F}$ ein Elementarflächenstück im $\mathfrak{R}^3$. Definitionsgemäß ist $\mathfrak{F}$ auf ein 2-Simplex semilinear abbildbar. Wir werden darüber hinaus zeigen, daß es eine s-Abbildung des $\mathfrak{R}^3$ auf sich gibt, welche $\mathfrak{F}$ in ein 2-Simplex überführt. Dazu beweisen wir zunächst zwei Hilfssätze.

Hilfssatz I. *Es sei F eine aus mindestens zwei Dreiecken bestehende simpliziale Zerlegung eines Elementarflächenstückes $\mathfrak{F}$. Dann gibt es unter den Dreiecken von F entweder eines, das mit dem Rande von $\mathfrak{F}$ genau eine Seite zum Durchschnitt hat oder eines, das mit dem Rande von $\mathfrak{F}$ genau zwei Seiten zum Durchschnitt hat.*

Beweis. Wir nehmen an, es gäbe kein 2-Simplex, das mit dem Rand von $\mathfrak{F}$ genau eine Seite zum Durchschnitt hat. $A_1 \ldots A_p$ seien die auf dem Rande von $\mathfrak{F}$ liegenden Ecken in zyklischer Reihenfolge. Wir betrachten zu jedem 1-Simplexe $A_{\nu-1}A_\nu$ ($\nu = 1 \ldots p$, mod p) die dritte Ecke des mit ihm inzidenten (eindeutig bestimmten) 2-Simplexes. Diese gehört nach Voraussetzung dem Rande von $\mathfrak{F}$ an, ist also eine der Ecken $A_1 \ldots A_p$, etwa A_{λ_ν}; dabei ist immer $\lambda_\nu \neq \nu - 1$ und $\lambda_\nu \neq \nu$. λ_1 ist eine der Zahlen $2, 3 \ldots p - 1$, also $\lambda_1 > 1$. Es sei ν die größte Zahl, für die $\lambda_\nu > \nu$ ist. Dann ist notwendig $\lambda_\nu = \nu + 1$, d. h. $A_\nu A_{\lambda_\nu}$ ist eine Randkante von $\mathfrak{F}$ und das Dreieck $A_{\nu-1}A_\nu A_{\lambda_\nu}$ hat die Randkanten $A_{\nu-1}A_\nu$ und $A_\nu A_{\lambda_\nu}$ zum Durchschnitt mit dem Rande von $\mathfrak{F}$. Wäre nämlich $\lambda_\nu > \nu + 1$, so würde $\mathfrak{F}$ durch die Kante $A_\nu A_{\lambda_\nu}$ in zwei Elementarflächenstücke zerlegt, von denen das eine die Ecken $A_\nu, A_{\nu+1} \ldots A_{\lambda_\nu}$ hat. Diesem würde dann das Dreieck $A_\nu A_{\nu+1} A_{\lambda_{\nu+1}}$ angehören, d. h. es wäre $\lambda_{\nu+1} > \nu + 1$ im Widerspruch zur Definition von ν.

Hilfssatz II. *Ein Simplexstern*[1] $\mathfrak{St}$ *des* $\mathfrak{R}^3$, *dessen Außenrand eine 1-Sphäre ist, läßt sich durch eine s-Abbildung des* $\mathfrak{R}^3$ *auf sich in ein 2-Simplex überführen.*

Beweis. a) O sei der Mittelpunkt des Simplexsternes und $\mathfrak{e}^3$ ein 3-Simplex mit dem Mittelpunkte O. Die Projektion des Außenrandes von $\mathfrak{St}$ auf den Rand $\mathfrak{S}^2$ von $\mathfrak{e}^3$ von O aus ist eine 1-Sphäre $\mathfrak{z}$. $\mathfrak{L}$ sei eine Ebene durch O, welche zu einer zweidimensionalen Seite von $\mathfrak{e}^3$ parallel ist. Diese schneidet $\mathfrak{e}^3$ in einem 2-Simplex $\mathfrak{e}^2$. Nach § 2 Satz I (S. 7) gibt es eine s-Abbildung von $\mathfrak{S}^2$ auf sich, welche $\mathfrak{z}$ in den Rand von $\mathfrak{e}^2$ überführt. Diese ergänzen wir zu einer s-Abbildung des $\mathfrak{R}^3$, indem wir die von O nach den Punkten von $\mathfrak{S}^2$ führenden Halbgeraden affin aufeinander abbilden. Die so erhaltene s-Abbildung führt $\mathfrak{St}$ in einen ebenen Simplexstern über.

b) Nach a) können wir annehmen, daß $\mathfrak{St}$ in einer Ebene $\mathfrak{L}$ liegt. Offenbar gibt es eine s-Abbildung der Ebene $\mathfrak{L}$ auf sich, welche $\mathfrak{St}$ in ein 2-Simplex überführt; diese kann man zu einer s-Abbildung des $\mathfrak{R}^3$ erweitern, indem man die zu $\mathfrak{L}$ senkrechten Geraden vertauscht.

Satz I. *Ein Elementarflächenstück* $\mathfrak{F}$ *des* $\mathfrak{R}^3$ *läßt sich durch eine s-Abbildung des* $\mathfrak{R}^3$ *auf sich in ein 2-Simplex überführen.*

Beweis. F sei das Flächenstück $\mathfrak{F}$ mit einer simplizialen Zerlegung und $\mathfrak{e}_1 \ldots \mathfrak{e}_n$ seien die 2-Simplexe von F. Wir führen den Beweis durch Induktion nach n. Ist $n = 1$, so ist $\mathfrak{F}$ bereits ein 2-Simplex. Ist $n \geq 2$, so tritt nach Hilfssatz I einer der beiden Fälle ein:

1. Es gibt ein 2-Simplex $\mathfrak{e} = (ABC)$ von F, welches mit dem Rande von $\mathfrak{F}$ zwei Seiten gemeinsam hat, etwa AC und CB. Bezeichnet dann $\mathfrak{F}_1$ die Menge aller Punkte, die den 2-Simplexen von $F + \mathfrak{e}$ (mod 2) angehören, so ist $\mathfrak{F}_1$ wieder ein Elementarflächenstück und besteht aus einem 2-Simplex weniger als $\mathfrak{F}$. $\mathfrak{e}'$ sei dasjenige 2-Simplex von F, welches mit $\mathfrak{e}$ die Seite AB gemeinsam hat. Offenbar gibt es eine s-Abbildung des $\mathfrak{R}^3$, welche das Flächenstück $\mathfrak{e} + \mathfrak{e}'$ in ein 2-Simplex überführt. Daraus folgt nach § 3 Beispiel IV (S. 12), daß es eine s-Abbildung des $\mathfrak{R}^3$ gibt, welche $\mathfrak{F}$ in $\mathfrak{F}_1$ überführt. Damit ist der erste Fall erledigt.

2. Es gibt ein 2-Simplex $\mathfrak{e} = (ABC)$ von F, welches mit dem Rande von $\mathfrak{F}$ genau eine Seite, etwa AB, gemeinsam hat. Dann

---

[1] Wir verstehen unter einem Simplexstern im Gegensatz zu Seifert-Threlfall [4] einen Komplex und nicht einen *simplizialen* Komplex.

ist $\mathfrak{F}_1$ † wieder ein Elementarflächenstück. $\mathfrak{St}$ sei der Simplexstern, der von allen mit C inzidenten 2-Simplexen von F gebildet wird. $\mathfrak{St}$ läßt sich nach Hilfssatz II durch eine s-Abbildung des $\mathfrak{R}^3$ in ein 2-Simplex überführen. Daraus folgt nach § 3 Beispiel IV (S. 12), daß es eine s-Abbildung des $\mathfrak{R}^3$ gibt, welche $\mathfrak{F}$ in $\mathfrak{F}_1$ überführt. Damit ist alles bewiesen.

Satz II. *Eine gegebene s-Abbildung ψ eines Elementarflächenstückes $\mathfrak{F}_1$ auf ein anderes $\mathfrak{F}_2$ des $\mathfrak{R}^3$ läßt sich zur einer s-Abbildung des $\mathfrak{R}^3$ auf sich erweitern.*

Beweis. Ist e ein 2-Simplex, so gibt es nach Satz I eine s-Abbildung φ_1 (bzw. φ_2) des $\mathfrak{R}^3$, welche $\mathfrak{F}_1$ (bzw. $\mathfrak{F}_2$) in e überführt. $\varphi_2 \psi \varphi_1^{-1}$ ist eine semilineare Selbstabbildung von e und läßt sich als solche offenbar zu einer s-Abbildung φ des $\mathfrak{R}^3$ ergänzen. Dann ist $\varphi_2^{-1} \varphi \varphi_1$ die verlangte Abbildung.

Aus Satz I, § 3 Satz II (S. 13) und § 3 Korollar zu Satz III (S. 15) folgt

Satz III. *Ein Elementarflächenstück auf dem Rande $\mathfrak{S}^3$ eines 4-Simplexes läßt sich durch eine s-Abbildung von $\mathfrak{S}^3$ auf sich in ein 2-Simplex überführen.*

Beispiel zu Satz II. *Es sei $\mathfrak{G}$ eine geschlossene Fläche des $\mathfrak{R}^3$ und $\mathfrak{t}$ ein 1-Element auf $\mathfrak{G}$. $\mathfrak{F}_1$ und $\mathfrak{F}_2$ seien zwei Elementarflächenstücke, welche das 1-Element $\mathfrak{t}$ auf ihrem Rande enthalten und abgesehen vom 1-Element $\mathfrak{t}$ im Innern von $\mathfrak{G}$ liegen. Dann gibt es eine s-Abbildung des $\mathfrak{R}^3$, welche $\mathfrak{F}_1$ in $\mathfrak{F}_2$ überführt und auf $\mathfrak{G}$ die Identität ist.*

Beweis. A. Wir nehmen zunächst an, daß die Flächenstücke $\mathfrak{F}_1$ und $\mathfrak{F}_2$ nur das 1-Element $\mathfrak{t}$ zum Durchschnitt haben. Ist $\mathfrak{A} = ABCD$ ein Quadrat, so gibt es nach § 2 Satz II (S. 7) und § 4 Satz III (S. 17) eine s-Abbildung φ des $\mathfrak{R}^3$, welche $\mathfrak{F}_1$ in das Dreieck (ABC) und $\mathfrak{F}_2$ in das Dreieck (ADC) überführt. Dabei geht das 1-Element $\mathfrak{t}$ in die Diagonale AC über.

Z sei eine simpliziale Zerlegung des $\mathfrak{R}^3$ derart, daß φ in allen Simplexen von Z affin ist und daß eine passende simpliziale Zerlegung des Komplexes $\mathfrak{G} + \mathfrak{F}_1 + \mathfrak{F}_2$ nur aus Simplexen von Z besteht.

a) Wir betrachten alle auf $\mathfrak{G}$ liegenden 2-Simplexe von Z, deren Durchschnitt mit $\mathfrak{t}$ aus mindestens einem mittleren Punkte[1] von $\mathfrak{t}$ besteht und zeigen, daß deren Bilder auf ein und derselben Seite

---

† Definition von $\mathfrak{F}_1$ siehe Fall 1.
[1] Das heißt einem von den Randpunkten verschiedenen Punkte.

der vom Quadrate $\mathfrak{A}$ bestimmten Ebene $\mathfrak{L}$ liegen. O sei eine beliebige im Innern von $\mathfrak{t}$ liegende Ecke von Z und $\mathfrak{St}$ der Simplexstern, der von allen auf $\mathfrak{G}$ liegenden mit O inzidenten Simplexen von Z gebildet wird. $\mathfrak{St}$ hat mit $\mathfrak{F}_1 + \mathfrak{F}_2$ genau zwei 1-Simplexe $\mathfrak{a}$ und $\mathfrak{b}$ zum Durchschnitt (Abb. 5). Der Querschnitt $\mathfrak{a} + \mathfrak{b}$ zerlegt $\mathfrak{St}$ in zwei Elemente $\mathfrak{h}_1$ und $\mathfrak{h}_2$ der Dimension zwei. Bei der Abbildung φ geht $\mathfrak{G}$ in eine Fläche $\mathfrak{G}'$ und der Simplexstern $\mathfrak{St}$ in einen Simplexstern $\mathfrak{St}'$ über, dessen Mittelpunkt O' ein mittlerer Punkt der Diagonale AC ist. Die Bilder $\mathfrak{h}_1'$ und $\mathfrak{h}_2'$ von $\mathfrak{h}_1$ und $\mathfrak{h}_2$ liegen je auf ein und derselben Seite der Ebene $\mathfrak{L}$. Wir zeigen, daß $\mathfrak{h}_1'$ und $\mathfrak{h}_2'$ nicht auf verschiedenen Seiten von $\mathfrak{L}$ liegen können. Da $\mathfrak{F}_1$ und $\mathfrak{F}_2$ zum Äußeren von $\mathfrak{G}$ fremd sind, gibt es zu jeder Zahl

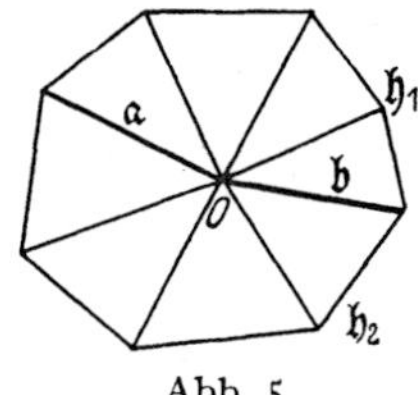

Abb. 5.

$\delta > 0$ und zu je zwei Punkten $P_1 \in \mathfrak{h}_1 - (\mathfrak{a} + \mathfrak{b})$ und $P_2 \in \mathfrak{h}_2 - (\mathfrak{a} + \mathfrak{b})$, welche in der δ-Umgebung von O liegen, einen in dieser Umgebung verlaufenden Weg, der von P_1 nach P_2 führt und $\mathfrak{F}_1 + \mathfrak{F}_2$ nicht trifft. Diese Eigenschaft bleibt bei der Abbildung φ erhalten und daher können die Elemente $\mathfrak{h}_1'$ und $\mathfrak{h}_2'$ nicht durch die Ebene $\mathfrak{L}$ getrennt werden. Damit liegt der ganze Bildsimplexstern $\mathfrak{St}'$ von $\mathfrak{St}$ auf ein und derselben Seite von $\mathfrak{L}$ und daraus folgt die Behauptung a).

b) Es sei M der Mittelpunkt des Quadrates $\mathfrak{A}$. Nach a) können wir auf einer passenden Seite der Ebene $\mathfrak{L}$ einen Punkt M_1 so nahe an M wählen, daß die 3-Simplexe $(M_1 A B C)$ und $(M_1 A C D)$ mit $\mathfrak{G}'$ nur die Strecke AC zum Durchschnitt haben.

c) Die Bilder der auf $\mathfrak{G}$ liegenden Simplexe von Z machen eine simpliziale Zerlegung G' von $\mathfrak{G}'$ aus. Diese erweitern wir zu einer simplizialen Zerlegung des Komplexes $\mathfrak{G}' + (A B C)$, indem wir alle im Innern von AC liegenden Ecken von G' durch Kanten mit B verbinden. Auf den so erhaltenen simplizialen Komplex wenden wir folgende isotope simpliziale Deformation an:

B geht längs BM_1 in M_1† und anschließend längs $M_1 D$ in D über, während alle anderen Ecken festbleiben. Aus der Wahl von M_1 folgt, daß dies wirklich eine isotope simpliziale Deformation ist. Nach § 3 Satz I (S. 8) gibt es mithin eine s-Abbildung ψ des $\mathfrak{R}^3$, welche das Dreieck $(A B C)$ in das Dreieck $(A D C)$ überführt und auf $\mathfrak{G}'$ die Identität ist. Daher ist $\chi = \varphi^{-1} \psi \varphi$ die verlangte Abbildung.

† Wahl des Punktes M_1 siehe Schritt b.

B. Haben die Flächenstücke $\mathfrak{F}_1$ und $\mathfrak{F}_2$ außer dem 1-Element $\mathfrak{t}$ noch Punkte gemeinsam, so betrachten wir ein Elementarflächenstück $\mathfrak{F}$ auf $\mathfrak{G}$, welches das 1-Element $\mathfrak{t}$ im Innern enthält. Es gibt dann eine s-Abbildung φ des $\mathfrak{R}^3$, welche $\mathfrak{F}$ in ein Rechteck $\mathfrak{r}$ und das 1-Element $\mathfrak{t}$ in eine Strecke PQ im Innern von $\mathfrak{r}$ überführt. Dies folgt aus § 2 Satz II (S. 7) und § 4 Satz III (S. 17), da sich $\mathfrak{t}$ zu einem Querschnitt von $\mathfrak{F}$ ergänzen läßt. — Nun sei R ein Punkt im Innern des Rechtecks $\mathfrak{r}$, welcher nicht auf der Geraden PQ liegt. Da die Flächenstücke $\varphi(\mathfrak{F}_1)$ und $\varphi(\mathfrak{F}_2)$ mit $\varphi(\mathfrak{G})$ nur die Strecke PQ zum Durchschnitt haben, können wir einen Punkt R_1 im Innern der Fläche $\varphi(\mathfrak{G})$ so nahe an R wählen, daß das 2-Simplex $\mathfrak{E} = (PQR_1)$ mit $\varphi(\mathfrak{F}_1)$ und $\varphi(\mathfrak{F}_2)$ je nur die Strecke PQ zum Durchschnitt hat. Nach A. gibt es daher eine s-Abbildung χ_1 bzw. χ_2 des $\mathfrak{R}^3$ auf sich, welche $\varphi(\mathfrak{F}_1)$ bzw. $\varphi(\mathfrak{F}_2)$ in $\mathfrak{E}$ überführt und auf $\varphi(\mathfrak{G})$ die Identität ist. Dann ist $\varphi^{-1}\chi_2^{-1}\chi_1\varphi$ die verlangte Abbildung.

§ 5. Die 2-Sphäre im $\mathfrak{R}^3$.

Eine 2-Sphäre läßt sich nach Definition semilinear auf den Rand eines 3-Simplexes abbilden. Das Ziel dieses Paragraphen ist, darüber hinaus zu zeigen, daß es zu einer 2-Sphäre im $\mathfrak{R}^3$ eine s-Abbildung des $\mathfrak{R}^3$ *auf sich gibt*, welche die 2-Sphäre in den Rand eines 3-Simplexes überführt. Dazu benötigen wir einige Hilfsbetrachtungen.

Unter einer *Ebenenrichtung* $\mathfrak{L}$ verstehen wir eine Schar paralleler Ebenen $(\mathfrak{L}(\alpha))$ des $\mathfrak{R}^3$ $(-\infty < \alpha < \infty)$, wobei α den orientierten Abstand der Ebene $\mathfrak{L}(\alpha)$ von der Ebene $\mathfrak{L}(0)$ bezeichnet. Es sei $\mathfrak{F}$ eine geschlossene Fläche des $\mathfrak{R}^3$, P ein Punkt auf $\mathfrak{F}$ und $\mathfrak{St}$ ein Simplexstern mit dem Mittelpunkt P, welcher eine Umgebung von P auf $\mathfrak{F}$ ausmacht, dessen Außenrand also eine 1-Sphäre $\mathfrak{s}$ ist. $\mathfrak{L}(\alpha)$ sei die durch P gehende Ebene. Die Ebenenrichtung $\mathfrak{L}$ heißt *zulässig* in bezug auf P, wenn der Durchschnitt $\mathfrak{L}(\alpha) \wedge \mathfrak{s}$ aus endlich vielen Punkten besteht, die sämtlich Durchdringungspunkte von $\mathfrak{L}(\alpha)$ und $\mathfrak{s}$ sind. Ihre Anzahl ist folglich gerade, etwa $2k$ $(k = 0, 1 \ldots)$; $k-1$ heißt die *Ordnung* von P in bezug auf die Ebenenrichtung $\mathfrak{L}$. Die Definition der zulässigen Ebenenrichtung und der Ordnung von P hängt offenbar nicht ab von der Auswahl des Simplexsternes um P. Eine unmittelbare Folge der Definition ist

Hilfssatz I. *Hat P die Ordnung $k-1$ in bezug auf die Ebenenrichtung $\mathfrak{L}$, so sind auch alle zu $\mathfrak{L}$ hinreichend benachbarten Ebenen-*

richtungen zulässig in bezug auf P und die Ordnung von P in bezug auf diese ist ebenfalls k — 1.

Hilfssatz II. e_1 *und* e_2 *seien zwei 2-Simplexe auf der geschlossenen Fläche* $\mathfrak{F}$, *deren Durchschnitt aus einer gemeinsamen Seite* $\mathfrak{a}$ *besteht. Sind dann* P_1 *und* P_2 *zwei mittlere Punkte[1] von* $\mathfrak{a}$ *und ist die Ebenenrichtung* $\mathfrak{L}$ *bezüglich* P_1 *zulässig, so auch bezüglich* P_2 *und die Ordnungen* k_1 *und* k_2 *von* P_1 *und* P_2 *sind beide Null.*

Dasselbe gilt, wenn P_1 *und* P_2 *mittlere Punkte desselben auf* $\mathfrak{F}$ *liegenden 2-Simplexes sind.*

Beweis. Wir führen den Beweis für den Fall, daß P_1 und P_2 mittlere Punkte des 1-Simplexes $\mathfrak{a}$ sind. $\mathfrak{L}(\alpha_1)$ sei die durch P_1 gehende Ebene, $\mathfrak{St}_1$ ein Simplexstern um P_1, der eine ganze Umgebung von P_1 auf $\mathfrak{F}$ ausmacht, und $\mathfrak{s}_1$ sein Außenrand. Die Kante $\mathfrak{a}$ liegt entweder in der Ebene $\mathfrak{L}(\alpha_1)$ oder durchsetzt diese im Punkte P_1. In beiden Fällen folgt aus der vorausgesetzten Zulässigkeit von $\mathfrak{L}$ bezüglich P_1, daß $\mathfrak{s}_1$ die Ebene $\mathfrak{L}(\alpha_1)$ in genau zwei Punkten durchsetzt, d.h. $k_1 = 0$. Um zu zeigen, daß $\mathfrak{L}$ auch bezüglich P_2 zulässig ist, wählen wir den Simplexstern $\mathfrak{St}_1$ so klein, daß wir ihn durch Parallelverschiebung längs $P_1 P_2$ in eine Umgebung von P_2 bezüglich $\mathfrak{F}$ überführen können. Daraus folgt gleichzeitig, daß auch P_2 die Ordnung Null hat.

Hilfssatz III. *Es sei P ein Punkt einer geschlossenen Fläche und* $\mathfrak{L}$ *eine in bezug auf P nicht zulässige Ebenenrichtung; genauer möge die durch P gehende Ebene* $\mathfrak{L}(\alpha)$ *mit dem Außenrand* $\mathfrak{s}$ *von* $\mathfrak{St}$ *ein 1-Element* $\mathfrak{l}$ *und eine gerade Anzahl* $2p$ *von Punkten zum Durchschnitt haben, in denen* $\mathfrak{s}$ *die Ebene durchsetzt.* $\mathfrak{l}$ *werde von P aus unter einem Winkel* $\varphi < \pi$ *gesehen. Dann ist die Ordnung von P in bezug auf jede hinreichend benachbarte zulässige Ebenenrichtung* $p - 1$ *oder* p, *und diese Ordnungen kommen wirklich vor.*

Beweis. A und B seien die Randpunkte von $\mathfrak{l}$ und $\mathfrak{l}'$ sei das zu $\mathfrak{l}$ komplementäre 1-Element von $\mathfrak{s}$. Die Punkte, in denen $\mathfrak{L}(\alpha)$ von $\mathfrak{l}'$ durchsetzt wird, seien $P_1 \dots P_{2p}$. Da ihre Anzahl gerade ist, müssen die beiden von A und B ausgehenden Kanten $\mathfrak{a}'$ und $\mathfrak{b}'$ von $\mathfrak{l}'$ auf ein und derselben Seite von $\mathfrak{L}(\alpha)$ liegen. $\overline{\mathfrak{L}}$ sei eine benachbarte, bezüglich P zulässige Ebenenrichtung, $\overline{\mathfrak{L}}(\overline{\alpha})$ die durch P gehende Ebene von $\overline{\mathfrak{L}}$ und $\overline{k}$ die Ordnung von P bezüglich $\overline{\mathfrak{L}}$. Wir wählen zunächst $\overline{\mathfrak{L}}$ so benachbart zu $\mathfrak{L}$, daß es $2p$ den Punkten $P_1 \dots P_{2p}$ entsprechende Punkte $\overline{P}_1 \dots \overline{P}_{2p}$ gibt, in welchen die Ebene $\overline{\mathfrak{L}}(\overline{\alpha})$ von $\mathfrak{s}$ durchsetzt wird. $\mathfrak{g}$ sei die Schnittgerade

---

[1] Definition s. Seifert-Threlfall [4] S. 38.

zwischen $\overline{\mathfrak{L}}(\overline{\alpha})$ und $\mathfrak{L}(\alpha)$. Da der Winkel, unter dem $\mathfrak{l}$ von P aus erscheint, kleiner als π ist, tritt einer der beiden Fälle ein:

1. Der Durchschnitt $\mathfrak{g} \wedge \mathfrak{l}$ ist leer. Dann ist $\overline{k} = p$ oder $\overline{k} = p - 1$, je nachdem $\overline{\mathfrak{L}}$ so gegen $\mathfrak{L}$ (um hinreichend wenig) gedreht ist, daß die Ebene $\overline{\mathfrak{L}}(\overline{\alpha})$ von $\mathfrak{a}'$ (und daher auch von $\mathfrak{b}'$) durchsetzt wird oder nicht.

2. $\mathfrak{g} \wedge \mathfrak{l}$ besteht aus genau einem Punkte Q. Ist Q nicht Randpunkt von $\mathfrak{l}$, so wird die Ebene $\overline{\mathfrak{L}}(\overline{\alpha})$ von $\mathfrak{z}$ außer in $\overline{P}_1 \ldots \overline{P}_{2p}$ in Q und in einem mittleren Punkte von $\mathfrak{a}'$ oder $\mathfrak{b}'$ durchsetzt, je nachdem in welchem Sinne $\overline{\mathfrak{L}}(\overline{\alpha})$ gegen $\mathfrak{L}(\alpha)$ gedreht ist; daher ist die Ordnung von P in bezug auf $\overline{\mathfrak{L}}$ gleich p. Ist dagegen Q Randpunkt von $\mathfrak{l}$, etwa der Punkt A, so müssen, wenn die Ebenenrichtung $\overline{\mathfrak{L}}$ bezüglich P zulässig sein soll, $\mathfrak{a}'$ und $\mathfrak{l}$ auf verschiedenen Seiten der Ebene $\overline{\mathfrak{L}}(\overline{\alpha})$ liegen. $\overline{\mathfrak{L}}(\overline{\alpha})$ wird daher (immer vorausgesetzt, daß $\overline{\mathfrak{L}}$ hinreichend benachbart zu $\mathfrak{L}$ ist) von $\mathfrak{z}$ außer in $\overline{P}_1 \ldots \overline{P}_{2p}$ in A und in einem mittleren Punkte von $\mathfrak{b}'$ durchsetzt, es ist also $\overline{k} = p$.

Aus obigem Beweis folgt gleichzeitig, daß die Ordnungen $p - 1$ und p wirklich vorkommen.

Eine Ebenenrichtung $\mathfrak{L}$ heißt *zulässig in bezug auf die geschlossene Fläche* $\mathfrak{F}$, wenn sie in bezug auf jeden Punkt von $\mathfrak{F}$ zulässig ist.

Nach Hilfssatz II genügt es, die Zulässigkeit von $\mathfrak{L}$ bezüglich der Mittelpunkte der Simplexe einer simplizialen Zerlegung von $\mathfrak{F}$ festzustellen.

Unter dem *Kompliziertheitsgrad* $\varkappa$ von $\mathfrak{F}$ in bezug auf die Ebenenrichtung $\mathfrak{L}$ verstehen wir die Summe der Ordnungen aller Punkte mit positiver Ordnung. Fehlen solche Punkte, so setzen wir $\varkappa = 0$.

Der Kompliziertheitsgrad ist immer endlich, da nach Hilfssatz II nur die endlich vielen Ecken einer simplizialen Zerlegung von $\mathfrak{F}$ positive Ordnung haben können.

Aus Hilfssatz I folgt:

Hilfssatz IV. *Ist die Ebenenrichtung $\mathfrak{L}$ zulässig in bezug auf $\mathfrak{F}$, so sind es auch alle zu $\mathfrak{L}$ hinreichend benachbarten Ebenenrichtungen und der Kompliziertheitsgrad in bezug auf diese ist derselbe.*

Hilfssatz V. *Es sei $\mathfrak{L}$ eine zulässige Ebenenrichtung in bezug auf $\mathfrak{F}$. Eine s-Abbildung φ des $\mathfrak{R}^3$, die jede Ebene $\mathfrak{L}(\alpha)$ auf sich abbildet, führt $\mathfrak{F}$ in eine Fläche $\mathfrak{F}'$ über, für welche die Ebenenrichtung $\mathfrak{L}$ ebenfalls zulässig ist. Entsprechende Punkte von $\mathfrak{F}$ und $\mathfrak{F}'$ haben dieselbe Ordnung in bezug auf $\mathfrak{L}$ und $\mathfrak{F}$ und $\mathfrak{F}'$ haben denselben Kompliziertheitsgrad.*

Beweis. P sei ein beliebiger Punkt von $\mathfrak{F}$ und $\mathfrak{St}$ ein Simplex-stern auf $\mathfrak{F}$ mit dem Mittelpunkt P, welcher eine ganze Umgebung von P auf $\mathfrak{F}$ ausmacht und in dessen Simplexen die Abbildung φ affin ist; der Außenrand von $\mathfrak{St}$ ist eine 1-Sphäre $\mathfrak{s}$. Der Bild-simplexstern $\mathfrak{St}'$ von $\mathfrak{St}$ macht eine ganze Umgebung des Bild-punktes P' von P auf $\mathfrak{F}'$ aus. R' sei ein beliebiger Punkt des Durch-schnittes von $\mathfrak{L}(\alpha)$ mit dem Außenrand von $\mathfrak{St}'$. Dann gehört der Urbildpunkt R von R' zum Durchschnitt $\mathfrak{L}(\alpha) \cap \mathfrak{s}$. Da $\mathfrak{L}$ nach Voraussetzung bezüglich P zulässig ist, wird $\mathfrak{L}(\alpha)$ von $\mathfrak{s}$ im Punkte R *durchsetzt.* Daraus folgt, da bei der Abbildung φ alle Ebenen $\mathfrak{L}(\alpha)$ einzeln in sich übergehen, daß die Ebene $\mathfrak{L}(\alpha)$ von $\mathfrak{s}'$ in R' *durch-setzt* wird. $\mathfrak{L}$ ist mithin zulässig bezüglich P' und, da P beliebig auf $\mathfrak{F}$ war, zulässig bezüglich $\mathfrak{F}'$. Gleichzeitig folgt, daß die Ordnung von P' gleich der Ordnung von P ist.

Hilfssatz VI. *Eine 2-Sphäre $\mathfrak{S}^2$, deren Kompliziertheitsgrad in bezug auf eine passend gewählte zulässige Ebenenrichtung $\mathfrak{L}$ ver-schwindet, läßt sich durch eine s-Abbildung des $\mathfrak{R}^3$ auf sich in den Rand eines 3-Simplexes überführen.*

Der Beweis wird, um den Gedankengang hier nicht zu unter-brechen, im nächsten Paragraphen nachgetragen.

Satz I (Alexanderscher Satz). *Eine 2-Sphäre $\mathfrak{S}^2$ des $\mathfrak{R}^3$ läßt sich durch eine s-Abbildung des $\mathfrak{R}^3$ auf sich in den Rand eines 3-Simplexes überführen.*

Beweis. $\mathfrak{L}$ sei eine in bezug auf $\mathfrak{S}^2$ zulässige Ebenenrichtung und $\varkappa$ der Kompliziertheitsgrad von $\mathfrak{S}^2$. Wir führen den Beweis durch Induktion nach $\varkappa$. Für $\varkappa = 0$ ist die Behauptung mit Hilfs-satz VI identisch. Ist $\varkappa$ positiv, so gibt es mindestens einen Punkt P von $\mathfrak{S}^2$ mit positiver Ordnung $k-1$. Wir können annehmen, daß außer P alle Punkte von $\mathfrak{S}^2$, die in der durch P gehenden Ebene $\mathfrak{L}(\alpha)$ liegen, die Ordnung Null haben. Ist dies von vorne herein nicht der Fall, so ersetzen wir die Ebenenrichtung $\mathfrak{L}$ durch eine beliebig wenig davon abweichende, für welche die Bedingung erfüllt werden kann, da als Punkte mit positiver oder negativer Ordnung nur die endlich vielen Ecken einer simplizialen Zerlegung von $\mathfrak{S}^2$ in Frage kommen; dabei ändert sich der Kompliziertheitsgrad nach Hilfs-satz IV nicht. Da P die Ordnung $k-1$ hat, besteht der Durch-schnitt $\mathfrak{S}^2 \cap \mathfrak{L}(\alpha)$ in einer hinreichend kleinen Umgebung von P aus $2k$ von P ausgehenden Strecken. Daraus folgt, da außer P alle Punkte des Durchschnittes $\mathfrak{S}^2 \cap \mathfrak{L}(\alpha)$ die Ordnung Null haben, daß der Durchschnitt $\mathfrak{S}^2 \cap \mathfrak{L}(\alpha)$ aus k durch P gehenden und sonst

punktfremden 1-Sphären und eventuell noch aus endlich vielen —
etwa r — zu P und zueinander punktfremden 1-Sphären besteht.
Unter diesen $k + r$ 1-Sphären gibt es eine, $\mathfrak{z}$, welche in ihrem Innern
keine der anderen enthält. Unter dem Innern von $\mathfrak{z}$ verstehen wir
dabei das Innere des von $\mathfrak{z}$ begrenzten ebenen Flächenstückes. Wir
können annehmen, daß $\mathfrak{z}$ konvex ist und daß der Punkt P, falls
er auf $\mathfrak{z}$ liegt, eine Ecke von $\mathfrak{z}$ (und nicht mittlerer Punkt einer
Kante) ist. Sollte eine dieser Bedingungen nicht erfüllt sein, so
läßt sie sich nach § 2 Satz III (S. 7) bzw. § 1 Beispiel I (S. 5) durch
eine s-Abbildung des $\mathfrak{R}^3$ erreichen, welche alle Ebenen von $\mathfrak{L}$ einzeln
in sich überführt und die zu $\mathfrak{L}$ senkrechten Geraden untereinander
vertauscht. Dabei ändern sich nach Hilfssatz V die Ordnungen der
Punkte und der Kompliziertheitsgrad der Fläche nicht.

Durch $\mathfrak{z}$ wird $\mathfrak{S}^2$ in zwei Elementarflächenstücke zerlegt, die
sich zusammen mit dem von $\mathfrak{z}$ beranderten ebenen Flächenstück $\mathfrak{F}$
zu zwei 2-Sphären $\mathfrak{S}^2_1$ und $\mathfrak{S}^2_2$ schließen. Die Ebenenrichtung $\mathfrak{L}$
ist bezüglich $\mathfrak{S}^2_1$ und $\mathfrak{S}^2_2$ *nicht* zulässig, da sie bezüglich der Punkte
von $\mathfrak{F}$ nicht zulässig ist. Dagegen ist jede zu $\mathfrak{L}$ hinreichend be-
nachbarte Ebenenrichtung $\overline{\mathfrak{L}}$ bezüglich $\mathfrak{S}^2_1$ und $\mathfrak{S}^2_2$ zulässig, falls $\overline{\mathfrak{L}}$
zu keiner der Kanten von $\mathfrak{z}$ parallel ist. Wir verstehen im folgenden
unter $\overline{\mathfrak{L}}$ eine solche Ebenenrichtung, die wir gegebenenfalls noch
genauer festlegen werden.

Fall a. P liegt auf $\mathfrak{z}$. Dann zeigen wir, daß die Kompliziertheitsgrade von $\mathfrak{S}^2_1$ und $\mathfrak{S}^2_2$ in bezug auf zwei passende Ebenenrichtungen kleiner als $\varkappa$ sind. Es genügt, $\mathfrak{S}^2_1$ zu betrachten. Die
Ordnungen der Punkte von $\mathfrak{S}^2_1 - \mathfrak{F}$ in bezug auf $\mathfrak{L}$ und $\overline{\mathfrak{L}}$ sind
nach Hilfssatz I dieselben. Die Ordnungen bezüglich $\overline{\mathfrak{L}}$ der mitt-
leren Punkte von $\mathfrak{F}$ und der mittleren Punkte der Kanten von $\mathfrak{z}$
sind nach Hilfssatz II Null. Da die Innenwinkel von $\mathfrak{z}$ in allen
Ecken kleiner als π sind, ist die Ordnung aller von P verschiedenen
Ecken von $\mathfrak{z}$ nach Hilfssatz III gleich 0 oder -1. Aus demselben
Grunde können wir $\overline{\mathfrak{L}}$ nach Hilfssatz III so wählen, daß P bezüglich
$\overline{\mathfrak{L}}$ die Ordnung $k - 2$ hat. Dann ist der Kompliziertheitsgrad von
$\mathfrak{S}^2_1$ bezüglich $\overline{\mathfrak{L}}$ um mindestens 1 kleiner als $\varkappa$. $\mathfrak{S}^2_1$ ist also nach
Induktionsvoraussetzung durch eine s-Abbildung des $\mathfrak{R}^3$ in den
Rand eines 3-Simplexes überführbar. Daraus folgt nach § 3 Bei-
spiel III (S. 12), daß $\mathfrak{S}^2$ durch eine s-Abbildung des $\mathfrak{R}^3$ in $\mathfrak{S}^2_2$
überführbar ist; wir brauchen dort nur zu setzen $\mathfrak{F}_1 = \mathfrak{S}^2_1 + \mathfrak{F}$,
$\mathfrak{F}_2 = \mathfrak{F}$, $\mathfrak{R} = \mathfrak{S}^2_2 + \mathfrak{F}$, wobei alle Additionen mod 2 zu nehmen sind.
Damit ist dieser Fall erledigt, da $\mathfrak{S}^2_2$ nach Induktionsvoraussetzung

ebenso wie $\mathfrak{S}_1^2$ durch eine s-Abbildung des $\mathfrak{R}^3$ in den Rand eines 3-Simplexes überführbar ist.

Fall b. P liegt nicht auf $\mathfrak{F}$. Dann gehört P zu genau einer der beiden 2-Sphären, etwa zu $\mathfrak{S}_1^2$. Da die Ordnungen der Punkte des Flächenstückes $\mathfrak{F}$ (das wir als Teil der geschlossenen Fläche $\mathfrak{S}_1^2$ bzw. $\mathfrak{S}_2^2$ auffassen) bezüglich $\overline{\mathfrak{L}}$ nach Hilfssatz II und III alle 0 oder -1 sind und die Punkte von $\mathfrak{S}_1^2 - \mathfrak{F}$ und $\mathfrak{S}_2^2 - \mathfrak{F}$ bezüglich $\mathfrak{L}$ und $\overline{\mathfrak{L}}$ dieselben Ordnungen haben, folgt, daß die Summe der Kompliziertheitsgrade von $\mathfrak{S}_1^2$ und $\mathfrak{S}_2^2$ bezüglich $\overline{\mathfrak{L}}$ gleich $\varkappa$ ist.

Fall b α. Sind beide positiv, so sind beide kleiner als $\varkappa$ und Satz I folgt wie im Falle a.

Fall b β. Ist der Kompliziertheitsgrad von $\mathfrak{S}_2^2$ gleich Null (der von $\mathfrak{S}_1^2$ ist sicher positiv, da P zu $\mathfrak{S}_1^2$ gehört), so hat $\mathfrak{S}_1^2$ den Kompliziertheitsgrad $\varkappa$. Dann können wir $\overline{\mathfrak{L}}$ so wählen, daß die durch P gehende Scharebene $\overline{\mathfrak{L}}(\bar{\alpha})$ mit $\mathfrak{S}_1^2$ mindestens eine nicht durch P gehende Schnittkurve weniger hat als die durch P gehende Ebene $\mathfrak{L}(\alpha)$ der Schar $\mathfrak{L}$ mit $\mathfrak{S}^2$; denn, da $\mathfrak{F}$ konvex ist, gibt es in der Ebene $\mathfrak{L}(\alpha)$ eine zu $\mathfrak{F}$ fremde Gerade $\mathfrak{g}$ durch P und wir erhalten die gewünschte Ebene $\overline{\mathfrak{L}}(\bar{\alpha})$ durch Drehung von $\mathfrak{L}(\alpha)$ um $\mathfrak{g}$ um einen hinreichend kleinen Winkel in geeignetem Drehsinn. P hat in bezug auf $\overline{\mathfrak{L}}$ nach Hilfssatz I nach wie vor die Ordnung $k-1$. Man kann daher auf $\mathfrak{S}_1^2$ dasselbe Verfahren anwenden und erhält zwei neue 2-Sphären usw. Dabei muß man nach höchstens r † Schritten entweder auf Fall a oder auf Fall b α kommen und Satz I folgt durch wiederholte Anwendung von § 3 Beispiel III (S. 12). Damit ist alles bewiesen.

Korollar zu Satz I. *Das abgeschlossene Innere einer 2-Sphäre des $\mathfrak{R}^3$ ist zu einem 3-Simplex s-äquivalent.*

Wir nennen ein Komplex, der zu einem 3-Simplex s-äquivalent ist, ein *dreidimensionales Element*.

Aus Satz I, § 3 Satz II (S. 13) und § 3 Korollar zu Satz III (S. 15) folgt

Satz II. *Eine 2-Sphäre auf dem Rande $\mathfrak{S}^3$ eines 4-Simplexes läßt sich durch eine s-Abbildung von $\mathfrak{S}^3$ auf sich in den Rand eines 3-Simplexes überführen, welches im Innern einer dreidimensionalen Seite von $\mathfrak{S}^3$ liegt.*

Korollar. *Zu zwei 2-Sphären auf dem Rande $\mathfrak{S}^3$ eines 4-Simplexes gibt es eine s-Abbildung von $\mathfrak{S}^3$ auf sich, welche die eine 2-Sphäre in die andere überführt.*

---

† r ist die Anzahl der punktfremden 1-Sphären des Durchschnittes $\mathfrak{S}^2 \cap \mathfrak{L}(\alpha)$ (s. S. 23).

Satz III. *Eine 2-Sphäre $\mathfrak{S}^2$ auf dem Rande $\mathfrak{S}^3$ eines 4-Simplexes teilt diesen in zwei dreidimensionale Elemente.*

Beweis. Nach Satz II können wir annehmen, daß $\mathfrak{S}^2$ der Rand eines 3-Simplexes e^3 ist, welches im Innern einer dreidimensionalen Seite von $\mathfrak{S}^3$ liegt. Es ist noch zu zeigen, daß auch die abgeschlossene Menge $\mathfrak{M} = \overline{\mathfrak{S}^3 - e^3}$ ein dreidimensionales Element ist. Nach § 3 Korollar zu Satz III (S. 15) gibt es eine s-Abbildung ψ von $\mathfrak{S}^3$ auf sich, so daß $\psi(\mathfrak{M})$ im Innern einer dreidimensionalen Seite $\mathfrak{E}^3$ von $\mathfrak{S}^3$ liegt. Der Rand von $\psi(\mathfrak{M})$ ist als Bild von $\mathfrak{S}^2$ eine 2-Sphäre. Daraus folgt nach Korollar zu Satz I, daß $\psi(\mathfrak{M})$ ein dreidimensionales Element ist. Daher ist auch $\mathfrak{M}$ ein dreidimensionales Element.

§ 6. Hüllfläche.

Es sei Z eine simpliziale Zerlegung des $\mathfrak{R}^3$, z ihre Normalunterteilung und $\bar{z}$ die zu z duale Zellteilung. Die 3-Zellen von $\bar{z}$ entsprechen umkehrbar eindeutig den 0-Simplexen von z und, da diese die Mittelpunkte der Simplexe von Z sind, umkehrbar eindeutig den Simplexen beliebiger Dimension von Z. Es bezeichne allgemein $a_{ik\ldots l}$ die zum Simplex mit den Ecken P_i, $P_k \ldots P_l$ von z duale Zelle von $\bar{z}$. Der Durchschnitt zweier Zellen $a_{ik\ldots l}$ und $a_{pq\ldots r}$ ist genau dann nicht leer, wenn die Punkte P_i, $P_k \ldots P_l$, P_p, $P_q \ldots P_r$ (die nicht sämtlich verschieden sein müssen) die Ecken eines Simplexes von z sind. Ist diese Bedingung erfüllt, so ist der Durchschnitt der beiden Zellen die zu diesem Simplex duale Zelle.

Es sei z. B. (bei geeigneter Numerierung der Ecken P_i) a_{0123} eine 0-Zelle von $\bar{z}$. a_{0123} ist inzident mit den vier 1-Zellen a_{012}, a_{013}, a_{023}, a_{123} und mit den sechs 2-Zellen a_{01}, a_{02}, a_{03}, a_{12}, a_{13}, a_{23}. Eine 1-Zelle a_{012} von $\bar{z}$ ist inzident mit den drei 2-Zellen a_{01}, a_{12}, a_{20} und mit den 3-Zellen a_0, a_1, a_2.

Es sei K ein endlicher aus Simplexen von Z bestehender Komplex. Jedem Simplex der Dimension 0 bis 3 von K entspricht eine bestimmte 3-Zelle von $\bar{z}$. Die Gesamtheit dieser Zellen mit ihren Seiten ist ein Zellenkomplex $U(K)$. Wir nennen $U(K)$ die *simpliziale Umgebung* von K und den Rand $H(K)$ von $U(K)$ die *Hüllfläche* von K.

Satz I. *Der Komplex $H(K)$ besteht aus endlich vielen punktfremden geschlossenen Flächen.*

Beweis. a) $H(K)$ ist als Rand eines dreidimensionalen Zellenkomplexes ein zweidimensionaler Zellenkomplex.

b) Jede 1-Zelle von $H(K)$ ist mit genau zwei 2-Zellen von $H(K)$ inzident. Um dies zu beweisen, betrachten wir eine beliebige 1-Zelle a_{012} von $\bar{z}$. Diese ist mit den drei 2-Zellen, a_{01}, a_{12}, a_{20} und mit den drei 3-Zellen a_0, a_1, a_2 inzident. Gehören a_0, a_1 und a_2 alle drei zu $U(K)$, so ist die 1-Zelle a_{012} im Innern von $U(K)$ gelegen, gehört also nicht zu $H(K)$. Gehört keine der 3-Zellen a_0, a_1, a_2 zu $U(K)$, so gehört auch a_{012} nicht dazu. Denn nach Konstruktion von $U(K)$ ist jede 1-Zelle von $U(K)$ mit mindestens einer 3-Zelle von $U(K)$ inzident. Gehört nur die 3-Zelle a_0 zu $U(K)$, so gehören die 2-Zellen a_{01} und a_{02} zu $H(K)$, während a_{12} nicht zu $H(K)$ gehört. a_{012} ist also mit genau zwei 2-Zellen von $H(K)$, nämlich mit a_{01} und a_{02} inzident. Entsprechend ist es, wenn a_1 und a_2, aber nicht a_0 zu $U(K)$ gehören.

c) Die mit einer 0-Zelle inzidenten 2-Zellen auf $H(K)$ bilden einen einzigen Zykel. Wir betrachten die 0-Zelle a_{0123}, die zu einem 3-Simplex $(P_0 P_1 P_2 P_3)$ von z dual ist. Gehören die vier 3-Zellen a_0, a_1, a_2, a_3 entweder sämtlich zu $U(K)$ oder gehört keine von ihnen zu $U(K)$, so gehört die 0-Zelle a_{0123} nicht zu $H(K)$. Gehört dagegen nur a_0 zu $U(K)$, so liegt a_{0123} auf $H(K)$ und ist daselbst inzident mit den drei 2-Zellen a_{01}, a_{02}, a_{03}, die einen einzigen Zykel bilden. Ebenso ist es, wenn a_1, a_2, a_3 aber nicht a_0 zu $U(K)$ gehören. Gehören schließlich a_2 und a_3 aber nicht a_0 und a_1 zu $U(K)$, so ist a_{0123} auf $H(K)$ inzident mit folgenden 2- und 1-Zellen

$$a_{20},\ a_{203},\ a_{03},\ a_{031},\ a_{31},\ a_{312},\ a_{12},\ a_{120},$$

welche zyklisch aufeinanderfolgen. Damit ist der Beweis geführt.

Eine $(k-1)$-Zelle a^{k-1} ($k = 1, 2, 3$) eines dreidimensionalen Zellenkomplexes L heißt *frei*, wenn sie mit genau einer k-Zelle a^k von L inzident ist. Läßt man aus L die Zellen a^{k-1} und a^k fort unter Beibehaltung aller übrigen Zellen (samt ihren Seitenzellen), so erhält man einen Zellenkomplex L_1, von dem wir sagen, daß er aus L durch *Resektion*[1] der freien Zelle a^{k-1} entstehe.

Satz II. *Es sei K ein endlicher simplizialer Komplex, dessen Simplexe einer simplizialen Zerlegung des $\Re^3$ angehören. K_1 entstehe aus K durch Resektion eines freien Simplexes $\mathfrak{E}^{k-1}$. Dann gibt es eine s-Abbildung des $\Re^3$, welche $H(K)$ in $H(K_1)$ überführt.*

---

[1] Vgl. I. Johansson, Avhand. Norske Vidensk. Akad. (1932), No. 1 und I. H. C. Whitehead, Proc. London Nath. Soc. Ser. 2. Vol. 45 (1939).

Beweis. a) $k = 1$. Das freie 0-Simplex $\mathfrak{E}^0$ sei P_2, das mit ihm inzidente 1-Simplex $\mathfrak{E}^1$ sei $(P_1 P_2)$ und P_3 sei der Mittelpunkt von $(P_1 P_2)$. Dann ist

$$U(K) = U(K_1) + a_3 + a_2$$

und daher

$$H(K) = H(K_1) + \mathfrak{Rb}\, a_3 + \mathfrak{Rb}\, a_2.$$

Die Addition ist mod 2 zu nehmen, was wir nicht jedesmal neu bemerken. $\mathfrak{Rb}\, a_2$ hat mit $H(K_1) + \mathfrak{Rb}\, a_3$ als Durchschnitt die 2-Zelle a_{23}. $\mathfrak{Rb}\, a_2$ ist als Rand einer 3-Zelle nach dem sogleich nachzutragenden Hilfssatz I durch eine s-Abbildung des $\mathfrak{R}^3$ in den Rand eines 3-Simplexes überführbar. Daraus folgt nach § 3 Beispiel III (S. 12), daß $H(K_1) + \mathfrak{Rb}\, a_3 + \mathfrak{Rb}\, a_2$ durch eine s-Abbildung des $\mathfrak{R}^3$ in $H(K_1) + \mathfrak{Rb}\, a_3$ überführbar ist; wir brauchen dort nur zu setzen $\mathfrak{F}_1 = a_{23} + \mathfrak{Rb}\, a_2$, $\mathfrak{F}_2 = a_{23}$, $\mathfrak{K} = H(K_1) + \mathfrak{Rb}\, a_3 + a_{23}$. Aus demselben Grunde ist $H(K_1) + \mathfrak{Rb}\, a_3$ durch eine s-Abbildung des $\mathfrak{R}^3$ in $H(K_1)$ überführbar.

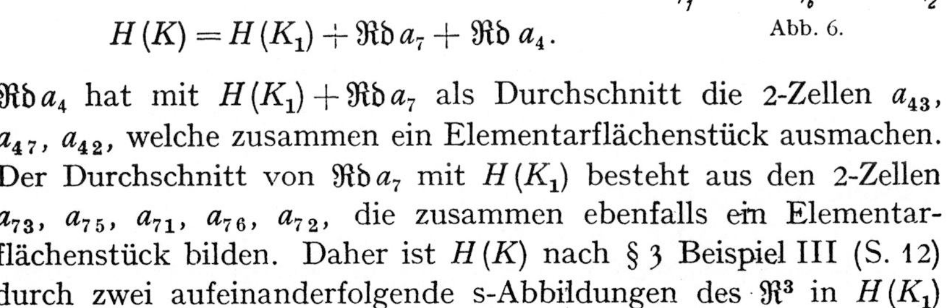

Abb. 6.

b) $k = 2$. Das freie 1-Simplex $\mathfrak{E}^1$ sei $(P_2 P_3)$, das damit inzidente 2-Simplex sei $(P_1 P_2 P_3)$. Wir führen die Mittelpunkte $P_4 \ldots P_7$ wie in Abb. 6 ein. Dann ist

$$H(K) = H(K_1) + \mathfrak{Rb}\, a_7 + \mathfrak{Rb}\, a_4.$$

$\mathfrak{Rb}\, a_4$ hat mit $H(K_1) + \mathfrak{Rb}\, a_7$ als Durchschnitt die 2-Zellen a_{43}, a_{47}, a_{42}, welche zusammen ein Elementarflächenstück ausmachen. Der Durchschnitt von $\mathfrak{Rb}\, a_7$ mit $H(K_1)$ besteht aus den 2-Zellen a_{73}, a_{75}, a_{71}, a_{76}, a_{72}, die zusammen ebenfalls ein Elementarflächenstück bilden. Daher ist $H(K)$ nach § 3 Beispiel III (S. 12) durch zwei aufeinanderfolgende s-Abbildungen des $\mathfrak{R}^3$ in $H(K_1)$ überführbar.

c) $k = 3$. Das freie 2-Simplex $\mathfrak{E}^2$ sei $(P_1 P_2 P_3)$, das damit inzidente 3-Simplex $(P_0 P_1 P_2 P_3)$ und P_8 sein Mittelpunkt. $P_4 \ldots P_7$ haben dieselbe Bedeutung wie in Abb. 6. Dann ist

$$H(K) = H(K_1) + \mathfrak{Rb}\, a_8 + \mathfrak{Rb}\, a_7.$$

$\mathfrak{Rb}\, a_7$ hat mit $H(K_1) + \mathfrak{Rb}\, a_8$ als Durchschnitt ein Elementarflächenstück, das aus der 2-Zelle a_{78} und den zyklisch darum herumliegenden 2-Zellen a_{71}, a_{76}, a_{72}, a_{74}, a_{73}, a_{75} besteht. $\mathfrak{Rb}\, a_8$ hat mit $H(K_1) + \mathfrak{Rb}\, a_7$ den Durchschnitt $\mathfrak{Rb}\, a_8$, mit $H(K_1)$ also als Durchschnitt dasjenige Elementarflächenstück, das man aus $\mathfrak{Rb}\, a_8$ durch

Fortlassen der 2-Zelle a_{78} erhält. Wiederum kann man nach § 3 Beispiel III (S. 12) $H(K)$ durch zwei aufeinanderfolgende s-Abbildungen des $\Re^3$ in $H(K_1)$ überführen.

Der erwähnte Hilfssatz lautet:

Hilfssatz I. *Die Hüllfläche $H(A)$ eines Punktes A ist durch eine s-Abbildung des $\Re^3$ in den Rand eines 3-Simplexes überführbar.*

Beweis. Der Komplex $U(A)$ ist ein simplizial zerlegter Simplexstern mit dem Mittelpunkt A, welcher eine ganze Umgebung von A im $\Re^3$ ausmacht und $H(A)$ ist der Außenrand von $U(A)$. e^3 sei ein 3-Simplex mit dem Mittelpunkte A. Wir bilden nun jede von A ausgehende Halbgerade affin so auf sich ab, daß A festbleibt und der Schnittpunkt der Halbgeraden mit $H(A)$ in den Schnittpunkt mit dem Rand von e^3 übergeht. Die dadurch bestimmte s-Abbildung führt $U(A)$ in e^3 über.

Satz III. *Es sei F eine geschlossene Fläche, die aus Simplexen einer simplizialen Zerlegung Z des $\Re^3$ besteht und K der simpliziale Komplex, der von den Simplexen von Z im abgeschlossenen Innern von F gebildet wird. Dann läßt sich F durch eine s-Abbildung des $\Re^3$ in $H(K)$ überführen.*

Der Beweis benützt den Begriff der Halbzelle. Ein Simplexstern des $\Re^3$, dessen Außenrand ein Element der Dimension $k-1$ ist ($k=1, 2, 3$), heißt eine *Halbzelle der Dimension k*.

Hilfssatz II. *Eine Halbzelle $\mathfrak{h}$ der Dimension 3 ist durch eine s-Abbildung des $\Re^3$ auf sich in ein 3-Simplex überführbar.*

Beweis. 0 sei der Mittelpunkt der Halbzelle und e^3 ein 3-Simplex mit dem Mittelpunkte 0.

a) Die Projektion des Außenrandes der Halbzelle $\mathfrak{h}$ auf den Rand $\mathfrak{S}^2$ von e^3 von 0 aus ist ein Elementarflächenstück $\mathfrak{F}$. Nach § 2 Satz I (S. 7) gibt es eine s-Abbildung von $\mathfrak{S}^2$ auf sich, welche $\mathfrak{F}$ in eine zweidimensionale Seite e^2 von e^3 überführt. Diese Abbildung ergänzen wir zu einer s-Abbildung des $\Re^3$, indem wir die von 0 ausgehenden Halbgeraden affin aufeinander abbilden.

b) Nach a können wir annehmen, daß das Flächenstück $\mathfrak{F}$ † eine Seite e^2 von e^3 ist. Wir betrachten eine simpliziale Zerlegung von $\mathfrak{h}$, die durch Projektion einer simplizialen Zerlegung des Außenrandes vom Mittelpunkte entsteht. Wir führen die Ecken A_μ ($\mu=1 \ldots m$) des Außenrandes von $\mathfrak{h}$ längs der Halbgeraden $\overrightarrow{OA_\mu}$ in die Schnittpunkte dieser Halbgeraden mit e^2 über, während wir

---

† Siehe Fall a.

O festhalten. Dies ist eine isotope simpliziale Deformation der simplizialen Halbzelle. Die Endabbildung läßt sich nach § 3 Satz I (S. 8) zu einer s-Abbildung des $\Re^3$ auf sich ergänzen; diese ist die verlangte.

Beweis von Satz III. Die auf F liegenden Ecken der Normalunterteilung z von Z seien P_i ($i = 1 \ldots r$). Die zu P_i duale 3-Zelle a_i wird durch F in zwei Halbzellen zerlegt, von denen $\bar{a}_i$ die außerhalb F liegende sei. Dann ist

$$U(K) = K + \sum_{i=1}^{r} \bar{a}_i$$

und daher

$$H(K) = \Re\mathfrak{b}\, U(K) = \Re\mathfrak{b}\, K + \sum_{i=1}^{r} \Re\mathfrak{b}\, \bar{a}_i = F + \sum_{i=1}^{r} \Re\mathfrak{b}\, \bar{a}_i.$$

Nun ist der Durchschnitt von $F + \sum_{i=1}^{\varrho-1} \Re\mathfrak{b}\, \bar{a}_i$ mit $\Re\mathfrak{b}\, \bar{a}_\varrho$ ($\varrho = 1 \ldots r$) ein Elementarflächenstück; denn $\bar{a}_\varrho$ sitzt auf F mit einem Elementarflächenstück auf, nämlich mit einem Simplexstern der Normalunterteilung von z. Der Durchschnitt von $\bar{a}_\varrho$ mit den übrigen Halbzellen $\bar{a}_i$ bildet einen Kranz von Elementarflächenstücken, welche das erste umgeben. Von diesen hat man nur diejenigen beizubehalten, deren Indizies kleiner als ϱ sind. — Nach Hilfssatz II ist $\Re\mathfrak{b}\, \bar{a}_\varrho$ durch eine s-Abbildung des $\Re^3$ in den Rand eines 3-Simplexes überführbar und daraus folgt nach § 3 Beispiel III (S. 12), daß $F + \sum_{i=1}^{\varrho-1} \Re\mathfrak{b}\, \bar{a}_i$ durch eine s-Abbildung des $\Re^3$ in $F + \sum_{i=1}^{\varrho} \Re\mathfrak{b}\, \bar{a}_i$ überführbar ist. F ist daher durch eine s-Abbildung des $\Re^3$ in $F + \sum_{i=1}^{r} \Re\mathfrak{b}\, \bar{a}_i$, d. h. in $H(K)$ überführbar.

Nun sind wir in der Lage, den Beweis von § 5 Hilfssatz VI (S. 22) nachzuholen.

Es sei Z eine simpliziale Zerlegung von $\mathfrak{S}^2$ mit den Ecken $A_1 \ldots A_n$. Nach § 5 Hilfssatz IV (S. 21) können wir annehmen, daß auf jeder Ebene $\mathfrak{L}(\alpha)$ von $\mathfrak{L}$ höchstens eine Ecke von Z liegt. $\mathfrak{L}(\alpha_\nu)$ sei die durch die Ecke A_ν gehende Ebene ($\nu = 1 \ldots n$); die Ecken A_ν denken wir uns so numeriert, daß $\alpha_1 < \alpha_2 < \cdots < \alpha_n$.

a) Wir zeigen zuerst, daß der Durchschnitt $\mathfrak{L}(\alpha) \wedge \mathfrak{S}^2$ für jedes feste α des Intervalles $\alpha_1 < \alpha < \alpha_n$ aus genau einer 1-Sphäre besteht. Zunächst können wir sagen, daß der Durchschnitt $\mathfrak{L}(\alpha) \wedge \mathfrak{S}^2$ für jedes feste α eines Intervalles $\alpha_\nu < \alpha < \alpha_{\nu+1}$ ($\nu = 1 \ldots n-1$) aus endlich vielen paarweise punktfremden 1-Sphären besteht, deren Anzahl innerhalb dieses Intervalles nicht von α abhängt.

Wir betrachten nun für einen festen Wert von ν den Durchschnitt $\mathfrak{L}(\alpha_\nu) \cap \mathfrak{S}^2$. Da der Kompliziertheitsgrad von $\mathfrak{S}^2$ Null ist, hat die auf $\mathfrak{L}(\alpha_\nu)$ liegende Ecke A_ν von Z die Ordnung 0 oder -1. Im ersten Falle besteht der Durchschnitt $\mathfrak{L}(\alpha_\nu) \cap \mathfrak{S}^2$ aus endlich vielen punktfremden 1-Sphären, im zweiten außerdem noch aus einem isolierten Punkte, nämlich der Ecke A_ν. Der Teil von $\mathfrak{S}^2$, welcher in dem abgeschlossenen Raumteil $\alpha_\nu \leqq \alpha \leqq \alpha_{\nu+1}$ liegt, besteht daher aus endlich vielen Kreisringen und eventuell noch aus einem oder zwei Elementarflächenstücken. Insbesondere besteht der Teil von $\mathfrak{S}^2$, der im Raumteil $\alpha_1 \leqq \alpha \leqq \alpha_2$ liegt, aus genau einem Elementarflächenstück $\mathfrak{F}_1$. An dieses schließt sich im Raumteil $\alpha_2 \leqq \alpha \leqq \alpha_3$ ein Kreisring $\mathfrak{R}_2$. $\mathfrak{R}_2$ bildet zusammen mit dem Elementarflächenstück $\mathfrak{F}_1$ wieder ein Elementarflächenstück; an dieses schließt sich im Raumteil $\alpha_3 \leqq \alpha \leqq \alpha_4$ ein Kreisring und bildet mit ihm zusammen ein weiteres Elementarflächenstück usw. So erhalten wir nach höchstens $n-2$ Schritten ein Elementarflächenstück $\mathfrak{F}_1 + \mathfrak{R}_2 + \cdots \mathfrak{R}_{k-1}$, an welches sich im Raumteil $\alpha_k \leqq \alpha \leqq \alpha_{k+1}$ nicht wieder ein Kreisring sondern ein Elementarflächenstück $\mathfrak{F}_k$ anschließt. Wir betrachten nun die 2-Sphäre $'\mathfrak{S}^2 = \mathfrak{F}_1 + \mathfrak{R}_2 + \cdots \mathfrak{R}_{k-1} + \mathfrak{F}_k$. Diese wird von jeder der Ebenen $\mathfrak{L}(\alpha)\,(\alpha_1 < \alpha < \alpha_{k+1})$ in genau einer 1-Sphäre geschnitten. Andererseits ist $'\mathfrak{S}^2$ Teilmenge von $\mathfrak{S}^2$ und da eine echte Teilmenge einer 2-Sphäre nicht wieder eine 2-Sphäre sein kann, folgt $'\mathfrak{S}^2 = \mathfrak{S}^2$.

b) Es sei $\mathfrak{P}$ ein quadratisches Prisma, dessen Grund- (bzw. Deck-)fläche in der Ebene $\mathfrak{L}(\alpha_1)$ (bzw. $\mathfrak{L}(\alpha_n)$) liegt und das die 2-Sphäre $\mathfrak{S}^2$ abgesehen von den beiden Ecken A_1 und A_n im Innern enthält. P sei eine Zellenzerlegung von $\mathfrak{P}$ derart, daß das abgeschlossene Innere $\mathfrak{T}$ von $\mathfrak{S}^2$ ein Teilkomplex von P ist[1]. Wir denken uns durch jede der (endlich vielen) Ecken von P die Ebene der Schar $\mathfrak{L}$ gezogen. Dadurch entsteht eine Unterteilung p von P. $\mathfrak{L}(\beta_1) \ldots \mathfrak{L}(\beta_m)\,(\beta_1 < \cdots < \beta_m)$ seien diejenigen Ebenen der Schar $\mathfrak{L}$, welche Ecken von p enthalten.

Wir konstruieren nun die baryzentrische Unterteilung z von p:

1. Jede 1-Zelle von p wird halbiert.

2. Die 2-Zellen von p zerfallen in zwei Klassen. Entweder liegen alle Ecken einer 2-Zelle in derselben Ebene $\mathfrak{L}(\beta_\mu)$ oder sie liegen teils in einer Ebene $\mathfrak{L}(\beta_\mu)$ und teils in der darauffolgenden $\mathfrak{L}(\beta_{\mu+1})$. Im ersten Falle liegt die ganze 2-Zelle in der Ebene $\mathfrak{L}(\beta_\mu)$;

---

[1] So eine Zerlegung wird z. B. durch die von den 2-Simplexen von $\mathfrak{S}^2$ bestimmten Ebenen erzeugt.

dann wählen wir einen beliebigen mittleren Punkt 0 der Zelle und projizieren ihren (bereits zerlegten) Rand von 0 aus. Im zweiten Falle wählen wir einen mittleren Punkt 0 so, daß er in der Ebene $\mathfrak{L}\left(\frac{\beta_\mu + \beta_{\mu+1}}{2}\right)$ liegt, welche wir kurz $\mathfrak{L}(\beta_{\mu+\frac{1}{2}})$ nennen, und projizieren den Rand wie vorher von 0 aus.

3. Die Ecken einer 3-Zelle liegen auf zwei aufeinanderfolgenden Ebenen $\mathfrak{L}(\beta_\mu)$ und $\mathfrak{L}(\beta_{\mu+1})$. Wir wählen einen mittleren Punkt 0 der 3-Zelle, der in der Ebene $\mathfrak{L}(\beta_{\mu+\frac{1}{2}})$ liegt und projizieren die Zerlegung des Randes von 0 aus. Damit haben wir die baryzentrische Unterteilung z von p gewonnen. Diese ergänzen wir zu einer simplizialen Zerlegung Z des $\mathfrak{R}^3$.

c) Die Ecken der Zerlegung z von $\mathfrak{P}$ liegen alle auf den Ebenen $\mathfrak{L}(\beta_1)$, $\mathfrak{L}(\beta_{\frac{3}{2}})$, $\mathfrak{L}(\beta_2) \ldots \mathfrak{L}(\beta_m)$. Die Quadrate, welche von diesen Ebenen aus $\mathfrak{P}$ ausgeschnitten werden, zerschneiden das abgeschlossene Innere $\mathfrak{T}$ von $\mathfrak{S}^2$ wegen a in $2m-2$ Raumstücke $\mathfrak{T}_1$, $\mathfrak{T}_{\frac{3}{2}} \ldots \mathfrak{T}_{m-\frac{1}{2}}$. Dadurch wird die simpliziale Zerlegung z von $\mathfrak{P}$ nicht zerstört, d. h. die in einem der Raumstücke $\mathfrak{T}_1 \cdots \mathfrak{T}_{m-\frac{1}{2}}$ liegenden Simplexe von z bilden eine simpliziale Zerlegung dieses Raumstücks (nach Konstruktion von z).

Nach § 3 Beispiel III (S. 12) genügt es zu zeigen, daß man den Rand jedes Raumstückes $\mathfrak{T}_\mu\,(\mu = 1, \tfrac{3}{2} \cdots m - \tfrac{1}{2})$ durch eine s-Abbildung des $\mathfrak{R}^3$ in den Rand eines 3-Simplexes überführen kann. Dazu wieder genügt es zu wissen, daß man den simplizialen Komplex T_μ, der von den auf $\mathfrak{T}_\mu$ liegenden Simplexen von z gebildet wird, — als Teilkomplex der Zerlegung Z des $\mathfrak{R}^3$ betrachtet — durch eine Folge von Resektionen auf eine Ecke von Z abbauen kann. Denn der Rand von T_μ ist nach Satz III (S. 28) durch eine s-Abbildung des $\mathfrak{R}^3$ in die Hüllfläche $H(T_\mu)$ überführbar und $H(T_\mu)$ läßt sich, vorausgesetzt, daß man T_μ auf eine Ecke E von Z abbauen kann, nach Satz II (S. 26) durch eine s-Abbildung des $\mathfrak{R}^3$ in die Hüllfläche $H(E)$ und damit in den Rand eines 3-Simplexes überführen (Hilfssatz I, S. 28).

Um nun das Resektionsverfahren von T_μ durchzuführen, betrachten wir zunächst die ein- und zweidimensionalen „Wandsimplexe" von T_μ, d. h. diejenigen 1- und 2-Simplexe, die in keiner der beiden Ebenen $\mathfrak{L}(\beta_\mu)$ und $\mathfrak{L}(\beta_{\mu+\frac{1}{2}})$ liegen. Die „Mittelebene" von T_μ, d. h. die Ebene $\mathfrak{L}\left(\frac{\beta_\mu + \beta_{\mu+\frac{1}{2}}}{2}\right)$ schneidet aus $\mathfrak{T}_\mu$ ein Flächenstück $\mathfrak{G}_\mu$ aus, in welchem von der simplizialen Zerlegung z eine

Zellteilung G_μ induziert wird. Jeder Resektion eines freien Wandsimplexes von T_μ entspricht umkehrbar eindeutig eine Resektion einer freien Zelle von G_μ. Wir können daher den Abbau von T_μ mittels Resektionen freier Wandsimplexe an der Zellteilung G_μ leiten:

1. Wir beseitigen alle 2-Zellen von G_μ durch fortlaufende Resektion freier 1-Zellen. Dadurch werden alle 3-Simplexe von T_μ abgebaut.

2. Der dadurch aus G_μ entstehende Streckenkomplex G'_μ ist ein Baum, d. h. er ist zusammenhängend und enthält keine 1-Sphäre. Daß G'_μ zusammenhängend ist folgt daraus, daß man das Ergebnis jeder Resektion durch eine simpliziale Deformation[1] erreichen kann. Würde G'_μ eine 1-Sphäre $\mathfrak{F}$ enthalten, so müßte diese auch auf dem ursprünglichen Flächenstücke $\mathfrak{G}_\mu$ liegen, wäre also auf diesem nullhomotop. Da man jede Resektion durch eine simpliziale Deformation ersetzen kann, müßte $\mathfrak{F}$ auch auf dem Streckenkomplex G'_μ nullhomotop sein, was unmöglich ist.

Der Baum G'_μ kann durch eine Folge von Resektionen in einen Punkt übergeführt werden. Damit sind alle Wandsimplexe von T_μ bis auf ein 1-Simplex $\mathfrak{e}^1$ abgebaut.

Wir betrachten nun die Simplexe von T_μ, welche in der Ebene $\mathfrak{L}(\beta_\mu)$ liegen. Durch Resektion aller freien 1-Simplexe entsteht ein Baum U_μ. Dieser enthält mindestens zwei freie Nullsimplexe, also mindestens ein freies Nullsimplex, welches nicht mit $\mathfrak{e}^1$ inzident ist. Durch Resektion dieses Simplexes können wir den Abbau von T_μ fortsetzen; schließlich bleibt von U_μ nur das mit $\mathfrak{e}^1$ inzidente 0-Simplex.

Indem wir dasselbe Verfahren auf die auf $\mathfrak{L}(\beta_{\mu+\frac{1}{2}})$ liegenden Simplexe von T_μ anwenden, bleibt von T_μ das 1-Simplex $\mathfrak{e}^1$, welches durch eine weitere Resektion in einem Punkt übergeführt werden kann. Damit ist der Hilfssatz bewiesen.

§ 7. Kombinatorische Deformation von Streckenzügen.

Es sei $\mathfrak{T}$ ein Komplex im $\mathfrak{R}^3$ und $\mathfrak{k}$ ein auf $\mathfrak{T}$ liegendes 1-Element oder eine auf $\mathfrak{T}$ liegende 1-Sphäre. Wir verwenden der Kürze halber das Wort „Streckenzug" als gemeinsamen Ausdruck für 1-Element und 1-Sphäre. Wir haben es in diesem Paragraphen nur mit orientierten Streckenzügen zu tun.

---

[1] Definition s. S. 8.

Unter einer *kombinatorischen Deformation* eines orientierten Streckenzuges $\mathfrak{k}$ auf dem Komplex $\mathfrak{T}$ verstehen wir folgende Operation: Es sei $\mathfrak{s}$ der Rand eines 2-Simplexes, welches auf $\mathfrak{T}$ liegt und mit $\mathfrak{k}$ genau eine oder genau zwei Seiten zum Durchschnitt hat; $\mathfrak{s}$ sei so orientiert, daß auf dem Durchschnitt $\mathfrak{s} \wedge \mathfrak{k}$ von $\mathfrak{s}$ und $\mathfrak{k}$ verschiedene Orientierungen induziert werden. Dann ersetzen wir $\mathfrak{k}$ durch $\mathfrak{k} + \mathfrak{s}$† (Abb. 7).

Zwei orientierte Streckenzüge $\mathfrak{k}$ und $\mathfrak{k}'$ auf $\mathfrak{T}$ heißen *kombinatorisch isotop* auf $\mathfrak{T}$, in Zeichen

$$\mathfrak{k} \overset{\triangle}{\sim} \mathfrak{k}',$$

wenn man sie durch endlich viele kombinatorische Deformationen auf $\mathfrak{T}$ ineinander überführen kann.

Zwei 1-Elemente, die kombinatorisch isotop sind, haben dieselben Randpunkte.

Satz I. *Die beiden 1-Elemente $\mathfrak{k}$ und $\mathfrak{k}'$, in die der Rand eines Elementarflächenstückes $\mathfrak{F}$ durch zwei Punkte P und Q zerfällt und die beide von P nach Q orientiert sind, sind auf $\mathfrak{F}$ kombinatorisch isotop.*

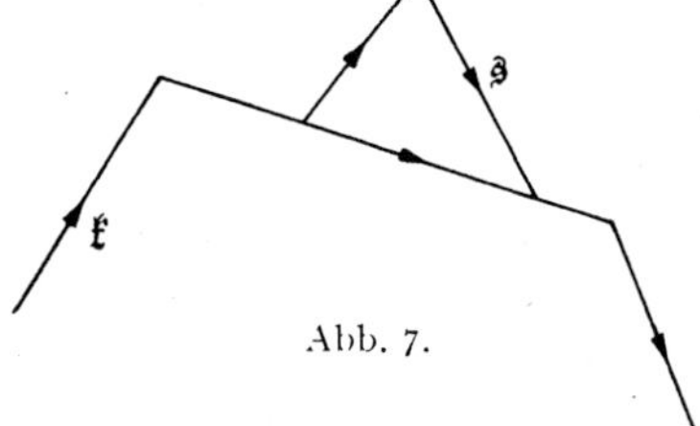

Abb. 7.

Beweis. Es bezeichne F das Flächenstück $\mathfrak{F}$ mit einer bestimmten simplizialen Zerlegung, unter deren Ecken die Punkte P und Q vorkommen. Durch die Zerlegung von $\mathfrak{F}$ ist auch auf $\mathfrak{k}$ und $\mathfrak{k}'$ eine simpliziale Zerlegung bestimmt; k und k' seien die 1-Elemente $\mathfrak{k}$ und $\mathfrak{k}'$ mit dieser Zerlegung. Die 2-Simplexe $e_1 \ldots e_n$ von $\mathfrak{F}$ denken wir uns kohärent so orientiert, daß die in k von $\mathfrak{F}$ induzierte Orientierung zu der von k entgegengesetzt ist.

Wir führen den Beweis durch Induktion nach n. Für $n = 1$ ist der Satz richtig. Ist $n \geq 2$, so tritt nach § 4 Hilfssatz I (S. 15) einer der beiden Fälle ein:

1. Es gibt unter den 2-Simplexen e_ν eines, e, dessen Durchschnitt mit dem Rande von $\mathfrak{F}$ aus genau einer Seite besteht. Nehmen wir an, diese gehöre zu k. Ist $\mathfrak{s}$ der Rand von e mit der von e induzierten Orientierung, so gilt

$$k \overset{\triangle}{\sim} k + \mathfrak{s} \quad \text{auf} \quad F \tag{1}$$

und nach Induktionsvoraussetzung

$$k + \mathfrak{s} \overset{\triangle}{\sim} k' \quad \text{auf} \quad F - e. \tag{2}$$

⸴ Bei der Addition ist die Orientierung zu beachten.

Aus (1) und (2) folgt

$$k \stackrel{\triangle}{\sim} k' \quad \text{auf} \quad F.$$

2. Unter den 2-Simplexen gibt es eines, e, dessen Durchschnitt mit dem Rande von $\mathfrak{F}$ aus genau zwei Seiten besteht. Gehören diese beide zu k oder beide zu k', so führt derselbe Schluß wie im ersten Falle zum Ziel. Andernfalls sei $\mathfrak{a}'$ die Seite von e, die zu k' gehört, und zwar mit der von e (und auch von k') induzierten Orientierung (Abb. 8). Dann gilt, wenn $\mathfrak{s}$ den Rand von e (mit der von e induzierten Orientierung) bezeichnet,

$$k \stackrel{\triangle}{\sim} k + \mathfrak{s} \quad \text{auf} \quad F \tag{3}$$

und nach Induktionsvoraussetzung

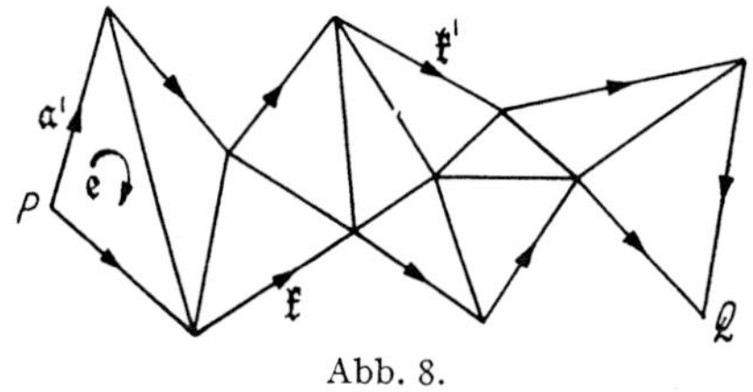

Abb. 8.

$$\left. \begin{array}{l} k + \mathfrak{s} - \mathfrak{a}' \stackrel{\triangle}{\sim} k' - \mathfrak{a}' \\[2mm] \text{auf} \qquad F - e. \end{array} \right\} \tag{4}$$

Aus (4) folgt, da $\mathfrak{a}'$ mit $F - e$ nur einen Punkt zum Durchschnitt hat und dieser einer der beiden gemeinsamen Punkte

von $k + \mathfrak{s} - \mathfrak{a}'$ und $k' - \mathfrak{a}'$ ist,

$$k + \mathfrak{s} \stackrel{\triangle}{\sim} k' \quad \text{auf} \quad F. \tag{5}$$

Aus (5) und (3) folgt

$$k \stackrel{\triangle}{\sim} k' \quad \text{auf} \quad F.$$

Zusatz. *Zwei Querschnitte* $\mathfrak{q}$ *und* $\mathfrak{q}'$ *eines Elementarflächenstückes* $\mathfrak{F}$, *welche gemeinsame Randpunkte A und B haben, sind auf $\mathfrak{F}$ kombinatorisch isotop.*

Beweis. $\mathfrak{l}$ sei eines der beiden 1-Elemente, in welche der Rand von $\mathfrak{F}$ durch die Punkte A und B geteilt wird. Dann gilt nach Satz I

$$\mathfrak{q} \stackrel{\triangle}{\sim} \mathfrak{l} \quad \text{auf} \quad \mathfrak{F}$$

und

$$\mathfrak{q}' \stackrel{\triangle}{\sim} \mathfrak{l} \quad \text{auf} \quad \mathfrak{F}$$

und daraus folgt

$$\mathfrak{q} \stackrel{\triangle}{\sim} \mathfrak{q}' \quad \text{auf} \quad \mathfrak{F}.$$

Satz II. *Sind zwei orientierte Streckenzüge $\mathfrak{k}$ und $\mathfrak{k}'$ auf dem Komplex $\mathfrak{T}$ kombinatorisch isotop und ist φ eine s-Abbildung von $\mathfrak{T}$ in den $\mathfrak{R}^n$, so sind die Streckenzüge $\varphi(\mathfrak{k})$ und $\varphi(\mathfrak{k}')$ auf $\varphi(\mathfrak{T})$ kombinatorisch isotop.*

Beweis. Es ist keine Einschränkung anzunehmen, $\mathfrak{k}'$ entsteht aus $\mathfrak{k}$ durch eine einzige kombinatorische Deformation. Dann gilt

$$\mathfrak{k}' = \mathfrak{k} + \mathfrak{s},$$

wobei $\mathfrak{s}$ der (passend orientierte) Rand eines 2-Simplexes $\mathfrak{e}$ ist. $\mathfrak{a}$ (bzw. $\mathfrak{a}'$) sei der zu $\mathfrak{s}$ gehörige Teil von $\mathfrak{k}$ bzw. $\mathfrak{k}'$ mit der von $\mathfrak{k}$ (bzw. $\mathfrak{k}'$) induzierten Orientierung und P und Q seien die Randpunkte von $\mathfrak{a}$. Das Bild $\varphi(\mathfrak{e})$ von $\mathfrak{e}$ ist ein Elementarflächenstück; sein Rand wird durch die Punkte $\varphi(P)$ und $\varphi(Q)$ in die zwei 1-Elemente $\varphi(\mathfrak{a})$ und $\varphi(\mathfrak{a}')$ zerlegt. Nach Satz I gilt

$$\varphi(\mathfrak{a}) \triangleq \varphi(\mathfrak{a}') \quad \text{auf} \quad \varphi(\mathfrak{e}).$$

Daraus folgt, da der Streckenzug $\varphi(\mathfrak{k}) - \varphi(\mathfrak{a}) = \varphi(\mathfrak{k}') - \varphi(\mathfrak{a}')$ mit dem Elementarflächenstück $\varphi(\mathfrak{e})$ nur die beiden Punkte $\varphi(P)$ und $\varphi(Q)$ gemeinsam hat,

$$\varphi(\mathfrak{k}) \triangleq \varphi(\mathfrak{k}') \quad \text{auf} \quad \varphi(\mathfrak{T}).$$

Beispiel I. *Sind die orientierten Streckenzüge $\mathfrak{k}$ und $\mathfrak{k}'$ im $\mathfrak{R}^3$ kombinatorisch isotop und liegen beide im Innern eines 3-Simplexes $\mathfrak{e}^3$, so sind sie auch in $\mathfrak{e}^3$ kombinatorisch isotop.*

Beweis. Das 3-Simplex $\mathfrak{E}^3$ sei so groß, daß es $\mathfrak{e}^3$ im Inneren enthält und daß gilt

$$\mathfrak{k} \triangleq \mathfrak{k}' \quad \text{in} \quad \mathfrak{E}^3. \tag{1}$$

α sei eine Affinität des $\mathfrak{R}^3$, welche $\mathfrak{E}^3$ in $\mathfrak{e}^3$ überführt. Dann folgt aus (1) nach Satz II

$$\alpha(\mathfrak{k}) \triangleq \alpha(\mathfrak{k}') \quad \text{in} \quad \mathfrak{e}^3. \tag{2}$$

Da der Komplex $\alpha(\mathfrak{k} + \mathfrak{k}')$ im Innern von $\mathfrak{e}^3$ liegt, gibt es nach § 3 Satz II (S. 13) eine s-Abbildung ψ des $\mathfrak{R}^3$, welche auf $\mathfrak{k} + \mathfrak{k}'$ mit α übereinstimmt und außerhalb $\mathfrak{e}^3$ die Identität ist. Demnach gilt

$$\psi^{-1}\alpha(\mathfrak{k}) = \mathfrak{k}, \tag{3}$$

$$\psi^{-1}\alpha(\mathfrak{k}') = \mathfrak{k}'. \tag{4}$$

Aus (2) folgt nach Satz II

$$\psi^{-1}\alpha(\mathfrak{k}) \triangleq \psi^{-1}\alpha(\mathfrak{k}') \quad \text{in} \quad \mathfrak{e}^3. \tag{5}$$

Aus (3), (5) und (4) folgt

$$\mathfrak{k} \triangleq \mathfrak{k}' \quad \text{in} \quad \mathfrak{e}^3.$$

Beispiel II. *Zwei 1-Elemente $\mathfrak{k}$ und $\mathfrak{k}'$ des $\mathfrak{R}^3$ mit gemeinsamen Randpunkten A und B, die beide von A nach B orientiert sind, sind im $\mathfrak{R}^3$ kombinatorisch isotop.*

Beweis. Nach § 3 Beispiel I (S. 11) und Satz II (S. 34) können wir annehmen, $\mathfrak{k}'$ sei die Strecke $A\,B$. Z sei eine solche simpliziale Zerlegung des 1-Elementes $\mathfrak{k}$, daß nie zwei aufeinanderfolgende 1-Simplexe in einer Geraden liegen und $A_1, A_2 \ldots A_n$ seien die Ecken von Z, $(A_1 = A,\ A_n = B)$. Wir führen den Beweis durch Induktion nach n. Für $n = 2$ ist $\mathfrak{k}$ bereits die Strecke $A\,B$. Ist $n \geq 3$, so unterscheiden wir zwei Fälle:

a) $(A_1 A_2 A_3)$ hat mit $\mathfrak{k}$ nur die Strecken $A_1 A_2$ und $A_2 A_3$ zum Durchschnitt. Dann ist, wenn $\mathfrak{k}_1$ das von den Strecken $A_1 A_3$, $A_3 A_4 \ldots A_{n-1} A_n$ gebildete 1-Element bezeichnet,

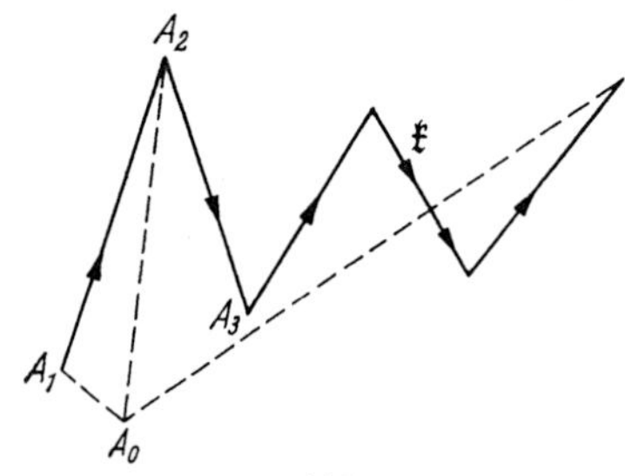

Abb. 9.

$$\mathfrak{k} \overset{\triangle}{\backsim} \mathfrak{k}_1. \tag{1}$$

Nach Induktionsvoraussetzung gilt

$$\mathfrak{k}_1 \overset{\triangle}{\backsim} A_1 A_n. \tag{2}$$

Aus (1) und (2) folgt

$$\mathfrak{k} \overset{\triangle}{\backsim} A_1 A_n.$$

b) Ist a nicht erfüllt, so wählen wir einen Punkt A_0 so nahe an A_1, daß das Dreieck $A_0 A_1 A_2$ mit $\mathfrak{k}$ nur die Strecke $A_1 A_2$ zum Durchschnitt hat und außerdem so, daß die Strecke $A_0 A_n$ das 1-Element $\mathfrak{k}$ nur im Punkte A_n trifft (Abb. 9). k sei der simpliziale Komplex, der aus den 1-Simplexen $A_0 A_1$, $A_1 A_2 \ldots A_{n-1} A_n$, $A_n A_0$ und deren Seitensimplexen besteht. A_1' sei ein Punkt der Strecke $A_1 A_2$, der so nahe an A_2 liegt, daß das 1-Element

$$\mathfrak{l} = A_1' A_2 + A_2 A_3 + \cdots A_{n-1} A_n$$

a) erfüllt. Wir führen A_1 längs $A_1 A_1'$ in A_1' über und halten alle anderen Ecken von k fest. Dies ist nach Wahl von A_0 eine isotope simpliziale Deformation von k und die Endabbildung läßt sich nach § 3 Satz 1 (S. 8) zu einer s-Abbildung φ des $\mathfrak{R}^3$ erweitern. Für diese gilt

$$\varphi(\mathfrak{k}) = \mathfrak{l}, \tag{1}$$

$$\varphi(A_1 A_0 + A_0 A_n) = A_1' A_0 + A_0 A_n. \tag{2}$$

Ferner ist

$$A_1' A_n \overset{\triangle}{\backsim} A_1' A_0 + A_0 A_n \tag{3}$$

und nach a

$$\mathfrak{l} \stackrel{\triangle}{\sim} A_1' A_n. \tag{4}$$

Aus (1), (4), (3) und (2) folgt

$$\varphi(\mathfrak{l}) \stackrel{\triangle}{\sim} \varphi(A_1 A_0 + A_0 A_n)$$

und daraus nach Satz II (S. 34)

$$\mathfrak{l} \stackrel{\triangle}{\sim} A_1 A_0 + A_0 A_n \stackrel{\triangle}{\sim} A_1 A_n.$$

Satz III. *Zwei orientierte 1-Sphären $\mathfrak{s}$ und $\mathfrak{s}'$ des $\mathfrak{R}^3$ sind genau dann kombinatorisch isotop, wenn es eine s-Abbildung des $\mathfrak{R}^3$ auf sich mit Erhaltung der Orientierung gibt, welche $\mathfrak{s}$ in $\mathfrak{s}'$ überführt*[1].

Beweis. Wir zeigen zuerst, daß zwei 1-Sphären, die durch eine orientierungserhaltende s-Abbildung φ des $\mathfrak{R}^3$ auseinander hervorgehen, kombinatorisch isotop sind, und zwar in zwei Schritten.

1. Schritt. φ sei eine Translation τ. Wir wählen die simpliziale Zerlegung von $\mathfrak{s}$ so, daß nie zwei aufeinanderfolgende 1-Simplexe in einer Geraden liegen; $A_1 \ldots A_n$ seien die Ecken dieser Zerlegung und $A_1' \ldots A_n'$ die Ecken der entsprechenden Zerlegung von $\mathfrak{s}'$.

a) Wir nehmen zunächst an, daß der Verschiebungsvektor $\mathfrak{v} = \overrightarrow{A_\nu A_\nu'}$ in keiner der Ebenen liegt, die von je zwei Strecken $A_\nu A_{\nu+1}$, $A_\nu A_{\nu-1}$ ($\nu = 1 \ldots n$, mod n) aufgespannt werden. Ist dann die Länge von $\mathfrak{v}$ so klein, daß das Parallelogramm, welches in A_ν von den Vektoren $\overrightarrow{A_\nu A_{\nu+1}}$ und $\overrightarrow{A_\nu A_\nu'}$ aufgespannt wird, mit $\mathfrak{s}$ nur die Seite $A_\nu A_{\nu+1}$ zum Durchschnitt hat, so können wir $\mathfrak{s}$ durch $2n$ kombinatorische Deformationen in $\mathfrak{s}'$ überführen: wir ersetzen zunächst alle orientierten Strecken $\overrightarrow{A_\nu A_{\nu+1}}$ durch die Streckenpaare $\overrightarrow{A_\nu A_{\nu+1}'}$, $\overrightarrow{A_{\nu+1}' A_{\nu+1}}$ und dann die Streckenpaare $\overrightarrow{A_\nu' A_\nu}$, $\overrightarrow{A_\nu A_{\nu+1}'}$ durch die orientierten Strecken $\overrightarrow{A_\nu' A_{\nu+1}'}$. Ist die Länge von $\mathfrak{v}$ beliebig, so führt dasselbe Verfahren durch wiederholte Anwendung $\mathfrak{s}$ in $\mathfrak{s}'$ über.

b) Erfüllt der Vektor $\mathfrak{v}$ nicht die in a gemachte Voraussetzung, so kann man ihn in zwei Vektoren $\mathfrak{v}_1$ und $\mathfrak{v}_2$ zerlegen, welche beide diese Voraussetzung erfüllen, und das Verfahren a zweimal anwenden.

2. Schritt. φ ist eine beliebige s-Abbildung mit Erhaltung der Orientierung. Nach § 3 Satz II (S. 13) gibt es dann eine s-Abbildung φ_1, die ebenfalls $\mathfrak{s}$ in $\mathfrak{s}'$ überführt und außerhalb eines genügend

---

[1] Darin ist die Aussage enthalten, daß φ die Orientierung von $\mathfrak{s}$ in die von $\mathfrak{s}'$ überführt.

großen Simplexes die Identität ist. Wir können daher die Parallel-
verschiebung τ so wählen, daß φ_1 auf der 1-Sphäre $\tau(\mathfrak{s})$ die Identität
ist. Dann gilt

$$\varphi_1 \, \tau(\mathfrak{s}) = \tau(\mathfrak{s}) \tag{1}$$

und nach dem ersten Schritt

$$\tau(\mathfrak{s}) \overset{\triangle}{\sim} \mathfrak{s}. \tag{2}$$

Aus (2) folgt nach Satz II (S. 34)

$$\varphi_1 \, \tau(\mathfrak{s}) \overset{\triangle}{\sim} \varphi_1(\mathfrak{s}). \tag{3}$$

Aus (2), (1) und (3) folgt

$$\mathfrak{s} \overset{\triangle}{\sim} \varphi_1(\mathfrak{s})$$

und, da

$$\varphi_1(\mathfrak{s}) = \mathfrak{s}',$$

$$\mathfrak{s} \overset{\triangle}{\sim} \mathfrak{s}'.$$

Um umgekehrt zu zeigen, daß zwei kombinatorisch isotope
1-Sphären $\mathfrak{s}$ und $\mathfrak{s}'$ durch eine s-Abbildung des $\mathfrak{R}^3$ mit Erhaltung
der Orientierung ineinander überführbar sind, können wir anneh-
men, $\mathfrak{s}'$ entstehe aus $\mathfrak{s}$ durch eine einzige kombinatorische Deformation, etwa eine solche, bei der eine orientierte Strecke $A\,B$ von $\mathfrak{s}$
durch zwei Strecken $A\,C$, $C\,B$ ersetzt wird; dabei besteht der Durchschnitt des 2-Simplexes $(A\,B\,C)$ mit $\mathfrak{s}$ aus der Strecke $A\,B$. Wir
betrachten eine simpliziale Zerlegung von $\mathfrak{s}$ derart, daß im Innern
der Strecke $A\,B$ genau eine Ecke D liegt und führen die Ecke D
längs $D\,C$ in den Punkt C über, während alle anderen Ecken der
simplizial zerlegten 1-Sphäre festbleiben. Da dies eine isotope
simpliziale Deformation ist, gibt es nach § 3 Satz I (S. 8) eine s-Ab-
bildung φ des $\mathfrak{R}^3$, welche $\mathfrak{s}$ in $\mathfrak{s}'$ überführt. Daß die Abbildung φ
die Orientierung erhält, folgt daraus, daß sie außerhalb eines ge-
nügend großen Simplexes die Identität ist.

Damit ist Satz III bewiesen.

Aus Satz III (S. 37), Beispiel I zu Satz II (S. 35) und § 3 Satz II
(S. 13) folgt

Zusatz I. *Zwei 1-Sphären $\mathfrak{s}$ und $\mathfrak{s}'$ im Innern eines 3-Simplexes
$\mathfrak{E}^3$ sind in $\mathfrak{E}^3$ genau dann kombinatorisch isotop, wenn es eine s-Abbildung von $\mathfrak{E}^3$ auf sich gibt, welche $\mathfrak{s}$ in $\mathfrak{s}'$ überführt und auf dem
Rande von $\mathfrak{E}^3$ die Identität ist.*

Zusatz II. *Eine orientierte 1-Sphäre $\mathfrak{F}$ im $\mathfrak{R}^3$ ist genau dann zu dem orientierten Rand eines 2-Simplexes kombinatorisch isotop, wenn es ein Elementarflächenstück des $\mathfrak{R}^3$ gibt, dessen Rand $\mathfrak{F}$ ist.*

Beweis. Daß der Rand eines Elementarflächenstückes zu dem Rande eines 2-Simplexes kombinatorisch isotop ist, folgt aus § 4 Satz I (S. 16) und Satz III (S. 37). Ist umgekehrt $\mathfrak{F}$ zu dem Rande eines 2-Simplexes $\mathfrak{e}$ kombinatorisch isotop, so gibt es nach Satz III eine s-Abbildung φ des $\mathfrak{R}^3$, welche den Rand von $\mathfrak{e}$ in $\mathfrak{F}$ überführt. Dann ist $\varphi(\mathfrak{e})$ das eingespannte Elementarflächenstück.

Satz IV. *Zwei orientierte 1-Sphären $\mathfrak{F}$ und $\mathfrak{F}'$ auf dem Rande $\mathfrak{S}^3$ eines 4-Simplexes sind genau dann kombinatorisch isotop auf $\mathfrak{S}^3$, wenn es eine s-Abbildung von $\mathfrak{S}^3$ auf sich mit Erhaltung der Orientierung gibt, welche $\mathfrak{F}$ in $\mathfrak{F}'$ überführt.*

Beweis. Wir zeigen zuerst, daß zwei 1-Sphären, die durch eine orientierungserhaltende s-Abbildung φ von $\mathfrak{S}^3$ auf sich ineinander übergeführt werden können, auf $\mathfrak{S}^3$ kombinatorisch isotop sind.

a) Wir setzen zunächst voraus, daß es ein 3-Simplex $\mathfrak{e}^3$ auf $\mathfrak{S}^3$ gibt, in welchem φ die Identität ist. Wir können annehmen, daß $\mathfrak{F}$ und $\mathfrak{F}'$ zu $\mathfrak{e}^3$ punktfremd sind, also der Menge $\mathfrak{S}^3 - \mathfrak{e}^3$ angehören. Nach § 3 Korollar zu Satz III (S. 15) gibt es eine s-Abbildung ψ von $\mathfrak{S}^3$ auf sich, so daß $\psi(\mathfrak{S}^3 - \mathfrak{e}^3)$ im Innern einer dreidimensionalen Seite $\mathfrak{E}^3$ von $\mathfrak{S}^3$ liegt. Die Abbildung $\psi\varphi\psi^{-1}$ führt $\psi(\mathfrak{F})$ in $\psi(\mathfrak{F}')$ über und ist auf $\mathfrak{S}^3 - \mathfrak{E}^3$ die Identität. Daher gilt nach Zusatz I zu Satz III (S. 38)

$$\psi(\mathfrak{F}) \overset{\triangle}{\sim} \psi(\mathfrak{F}') \quad \text{in} \quad \mathfrak{E}^3$$

und um so mehr auf $\mathfrak{S}^3$ und daraus folgt nach Satz II (S. 34)

$$\mathfrak{F} \overset{\triangle}{\sim} \mathfrak{F}' \quad \text{auf} \quad \mathfrak{S}^3.$$

b) Ist die Voraussetzung a nicht erfüllt, so unterscheiden wir zwei Fälle.

b α) Es gebe zwei Punkte P und $Q = \varphi(P)$, welche sich bei der Abbildung φ entsprechen und beide im Innern derselben dreidimensionalen Seite $\mathfrak{E}^3$ von $\mathfrak{S}^3$ liegen. Dann können wir ein 3-Simplex $\mathfrak{e}^3$ mit P als Ecke so wählen, daß die Abbildung φ in ihm affin ist und daß es samt seinem Bildsimplex $\varphi(\mathfrak{e}^3)$ im Innern von $\mathfrak{E}^3$ liegt. Da φ die Orientierung erhält, gibt es nach § 3 Satz II (S. 13) eine s-Abbildung von $\mathfrak{E}^3$ auf sich, welche auf $\mathfrak{e}^3$ mit φ übereinstimmt und auf dem Rande von $\mathfrak{E}^3$ die Identität ist. Diese ergänzen wir zu einer s-Abbildung ψ von $\mathfrak{S}^3$, indem wir $\mathfrak{S}^3 - \mathfrak{E}^3$ punktweise festlassen. Die Abbildungen $\psi^{-1}\varphi$ und ψ erfüllen die Bedingung a.

Daher gilt nach a

$$\psi^{-1}\varphi(\mathfrak{H}) \triangleq \mathfrak{H} \tag{1}$$

und

$$\psi(\mathfrak{H}) \triangleq \mathfrak{H}. \tag{2}$$

Aus (1) folgt nach Satz II (S. 34)

$$\varphi(\mathfrak{H}) \triangleq \psi(\mathfrak{H}). \tag{3}$$

Aus (2) und (3) folgt

$$\varphi(\mathfrak{H}) \triangleq \mathfrak{H}.$$

b β) Ist die Voraussetzung bα nicht erfüllt, so betrachten wir zwei beliebige Punkte P und $Q = \varphi(P)$, die sich bei der Abbildung φ entsprechen. Nach § 3 Korollar zu Satz III (S. 15) gibt es eine s-Abbildung χ von $\mathfrak{S}^3$ auf sich, so daß die Punkte $\chi(P)$ und $\chi(Q)$ im Innern derselben dreidimensionalen Seite $\mathfrak{E}^3$ von $\mathfrak{S}^3$ liegen. Dabei gehen $\mathfrak{H}$ und $\mathfrak{H}'$ in zwei 1-Sphären $\chi(\mathfrak{H})$ und $\chi(\mathfrak{H}')$ über. $\chi\varphi\chi^{-1}$ ist eine s-Abbildung von $\mathfrak{S}^3$ auf sich, die $\chi(\mathfrak{H})$ in $\chi(\mathfrak{H}')$ überführt und bα erfüllt. Daher gilt nach bα

$$\chi(\mathfrak{H}) \triangleq \chi(\mathfrak{H}') \quad \text{auf} \quad \mathfrak{S}^3.$$

Daraus folgt nach Satz II (S. 34)

$$\mathfrak{H} \triangleq \mathfrak{H}' \quad \text{auf} \quad \mathfrak{S}^3.$$

Sind umgekehrt die beiden 1-Sphären $\mathfrak{H}$ und $\mathfrak{H}'$ auf $\mathfrak{S}^3$ kombinatorisch isotop, so sind sie es offenbar schon auf einer echten abgeschlossenen Teilmenge $\mathfrak{M}$ von $\mathfrak{S}^3$. Nach § 3 Korollar zu Satz III (S. 15) gibt es eine s-Abbildung χ von $\mathfrak{S}^3$ auf sich, so daß $\chi(\mathfrak{M})$ im Innern einer dreidimensionalen Seite $\mathfrak{E}^3$ von $\mathfrak{S}^3$ liegt. Dann gilt nach Satz II (S. 34)

$$\chi(\mathfrak{H}) \triangleq \chi(\mathfrak{H}') \quad \text{auf} \quad \chi(\mathfrak{M}),$$

also erst recht

$$\chi(\mathfrak{H}) \triangleq \chi(\mathfrak{H}') \quad \text{auf} \quad \mathfrak{E}^3.$$

Daraus folgt nach Zusatz I zu Satz III (S. 38), daß es eine s-Abbildung von $\mathfrak{E}^3$ auf sich gibt, die $\chi(\mathfrak{H})$ in $\chi(\mathfrak{H}')$ überführt und auf dem Rande von $\mathfrak{E}^3$ die Identität ist. Diese ergänzen wir zu einer s-Abbildung ψ von $\mathfrak{S}^3$ auf sich, indem wir $\mathfrak{S}^3 - \mathfrak{E}^3$ punktweise festlassen. Dann ist $\chi^{-1}\psi\chi$ die verlangte s-Abbildung.

Beispiel I. *Es sei $\mathfrak{G}$ eine geschlossene Fläche des $\mathfrak{R}^3$ und $\mathfrak{F}$ ein Elementarflächenstück, dessen Rand $\mathfrak{H}$ auf $\mathfrak{G}$ liegt und das sonst dem Inneren von $\mathfrak{G}$ angehört. Ist dann $\mathfrak{H}'$ eine andere 1-Sphäre auf $\mathfrak{G}$,* *welche zu $\mathfrak{s}$ auf $\mathfrak{G}$ kombinatorisch isotop ist, so läßt sich auch in $\mathfrak{s}'$ ein Elementarflächenstück $\mathfrak{F}'$ einspannen, welches abgesehen von $\mathfrak{s}'$ im Inneren von $\mathfrak{G}$ liegt.*

Beweis. Wir können annehmen, $\mathfrak{s}'$ entstehe aus $\mathfrak{s}$ durch eine einzige kombinatorische Deformation. Dann gilt

$$\mathfrak{s}' = \mathfrak{s} + \mathfrak{Rd}\, e \dagger,$$

wobei $e = (A\,B\,C)$ ein auf $\mathfrak{G}$ liegendes 2-Simplex ist, welches mit $\mathfrak{s}$ entweder genau eine oder genau zwei Seiten zum Durchschnitt hat. Es ist keine Einschränkung, das erstere anzunehmen; die Seite von e, welche zu $\mathfrak{s}$ gehört, sei $A\,B$.

a) Wir nehmen zunächst an, daß die Fläche $\mathfrak{G}$ in einer ganzen Umgebung von e eben ist. Da $\mathfrak{F}$ mit e nur die Strecke $A\,B$ zum Durchschnitt hat, ist $\mathfrak{F} + e$ wieder ein Elementarflächenstück. Der Rand von $\mathfrak{F} + e$ ist bereits $\mathfrak{s}'$. $\mathfrak{F} + e$ hat mit $\mathfrak{G}$ neben $\mathfrak{s}'$ noch das 2-Simplex e zum Durchschnitt. Dieses läßt sich aber von $\mathfrak{G}$ „abheben". Dazu betrachten wir eine simpliziale Zerlegung von $\mathfrak{F}$, welche die Punkte A und B zu Ecken hat. $A_1 \ldots A_n$ seien die auf der Strecke $A\,B$ liegenden Ecken ($A_1 = A$, $A_n = B$). Diese verbinden wir durch Kanten mit dem Punkte C. F sei der simpliziale Komplex, der aus $\mathfrak{F} + e$ durch diese Zerlegung entsteht. Wir verschieben nun die Ecken $A_2 \ldots A_{n-1}$ von F um hinreichend wenig in das Innere von $\mathfrak{G}$. Dabei geht F nach § 3 Hilfssatz III (S. 10) wieder in ein simpliziales Elementarflächenstück F' über; F' hat mit $\mathfrak{G}$ wegen a nur noch die 1-Sphäre $\mathfrak{s}'$ zum Durchschnitt.

b) Ist die Bedingung a nicht erfüllt, so betrachten wir ein auf $\mathfrak{G}$ liegendes Elementarflächenstück $\mathfrak{H}$, welches das 2-Simplex e im Inneren enthält. Nach § 4 Satz I (S. 16) gibt es eine s-Abbildung φ des $\mathfrak{R}^3$, welche $\mathfrak{H}$ in ein ebenes Flächenstück $\mathfrak{H}'$ überführt. Nach § 2 Satz III (S. 7) und § 1 Beispiel I (S. 5) können wir diese Abbildung so wählen, daß sie das 2-Simplex e wieder in ein 2-Simplex e' überführt und daß die Seiten von e in die von e' übergehen. Dann entsteht $\varphi(\mathfrak{s}')$ aus $\varphi(\mathfrak{s})$ durch eine einzige kombinatorische Deformation.

Nach a läßt sich in die 1-Sphäre $\varphi(\mathfrak{s}')$ ein Elementarflächenstück $\mathfrak{F}'$ einspannen, das abgesehen von seinem Rand im Innern der Fläche $\varphi(\mathfrak{G})$ liegt. Dann ist $\varphi^{-1}(\mathfrak{F}')$ das verlangte Flächenstück.

Beispiel II. Es sei $\mathfrak{R}$ eine Kreisringfläche (s. § 2) und $\mathfrak{q}_1$ und $\mathfrak{q}_2$ seien zwei Querschnitte von $\mathfrak{R}$ mit gemeinsamen Randpunkten

$\dagger$ $\mathfrak{Rd}$ e bedeutet den passend orientierten Rand von e.

*A und B, die von einem Rand von $\Re$ zum anderen führen. $\mathfrak{q}_2$ habe
mit einem zu $\mathfrak{q}_1$ fremden Querschnitt $\mathfrak{q}_1'$ von $\Re$ die Schnittzahl Null.
Dann sind $\mathfrak{q}_1$ und $\mathfrak{q}_2$ auf $\Re$ kombinatorisch isotop.*

Beweis. A. Wir nehmen zunächst an, $\Re$ sei das von zwei konzentrischen Quadraten $\mathfrak{A}$ und $\mathfrak{B}$[1] mit parallelen Seiten begrenzte Ringgebiet und die Querschnitte $\mathfrak{q}_1$ und $\mathfrak{q}_1'$ seien zwei orientierte
Strecken AB und CD. Dann ist $\mathfrak{q}_2$ ein von A nach B orientierter
Querschnitt von $\Re$ (Abb. 10). z sei eine simpliziale Zerlegung des
Querschnittes $\mathfrak{q}_2$. Wir können annehmen, daß auf der Strecke CD
und im Inneren der Strecke AB keine Ecken von z liegen; denn
diese lassen sich offenbar durch kombinatorische Deformationen
von den Strecken AB und CD entfernen.

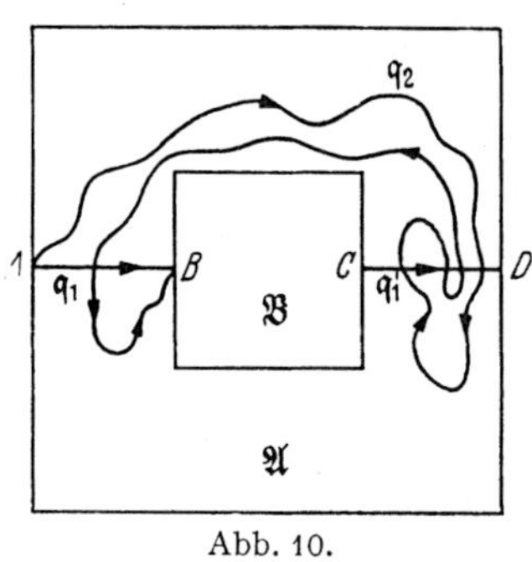

Abb. 10.

a) Ist der Durchschnitt $\mathfrak{q}_2 \cap CD$ leer,
so schneiden wir den Kreisring $\Re$ längs
eines hinreichend schmalen Streifens
um die Strecke CD zu einem Elementarflächenstück $\mathfrak{F}$ auf. Dann sind AB
und $\mathfrak{q}_2$ zwei orientierte Querschnitte
von $\mathfrak{F}$; daher gilt nach Zusatz zu
Satz I (S. 34)

$$\mathfrak{q}_2 \sim AB \quad \text{auf} \quad \mathfrak{F},$$

also auch auf $\Re$.

b) Ist der Durchschnitt $\mathfrak{q}_2 \cap CD$ nicht leer, so betrachten wir
die (auf $\mathfrak{q}_2$ aufeinanderfolgenden) Schnittpunkte von $\mathfrak{q}_2$ mit CD.
Da die Schnittzahl von $\mathfrak{q}_2$ mit CD nach Voraussetzung Null ist,
muß es unter diesen Schnittpunkten Paare aufeinanderfolgender
geben, etwa $S_1, T_1; S_2, T_2; \ldots S_r T_r (r \geq 1)$, so daß CD von $\mathfrak{q}_2$ in
S_ϱ und T_ϱ ($\varrho = 1 \ldots r$) nach verschiedenen Seiten durchsetzt wird.
Der Bogen $\mathfrak{l}_\varrho$ von $\mathfrak{q}_2$ zwischen den Punkten S_ϱ und T_ϱ begrenzt
zusammen mit der Strecke $S_\varrho T_\varrho$ ein Flächenstück $\mathfrak{F}_\varrho$ ($\varrho = 1 \ldots r$).
Jedes Flächenstück $\mathfrak{F}_\varrho$ ist zu dem Quadrate $\mathfrak{B}$ fremd, gehört also
zu $\Re$. Denn die Randkurve $\mathfrak{l}_\varrho + S_\varrho T_\varrho$ von $\mathfrak{F}_\varrho$ kann das Quadrat $\mathfrak{B}$
nicht umschließen, da sich der Punkt C offenbar durch einen (zu
CD benachbarten) Querschnitt von $\Re$, welcher die Kurve $\mathfrak{l}_\varrho + S_\varrho T_\varrho$
nicht trifft, mit dem Punkte D verbinden läßt. — Unter den Flächenstücken $\mathfrak{F}_\varrho$ ($\varrho = 1 \ldots r$) gibt es eines, $\mathfrak{F}_\sigma$, welches keines der
anderen enthält. Nach Satz I (S. 33) gilt

$$\mathfrak{l}_\sigma \overset{\triangle}{=} S_\sigma T_\sigma \quad \text{auf} \quad \mathfrak{F}_\sigma \tag{1}$$

---

[1] $\mathfrak{B}$ sei das innere Quadrat.

und daraus folgt wegen der Wahl von $\mathfrak{F}_\sigma$

$$\mathfrak{q}_2 \triangleq \mathfrak{q}_2 - \mathfrak{l}_\sigma + S_\sigma T_\sigma \quad \text{auf} \quad \mathfrak{q}_2 + \mathfrak{F}_\sigma \tag{2}$$

und, da $\mathfrak{F}_\sigma$ auf $\mathfrak{R}$ liegt,

$$\mathfrak{q}_2 \triangleq \mathfrak{q}_2 - \mathfrak{l}_\sigma + S_\sigma T_\sigma \quad \text{auf} \quad \mathfrak{R}.$$

Der Querschnitt $\mathfrak{q}_2 - \mathfrak{l}_\sigma + S_\sigma T_\sigma$ hat mit der Strecke CD neben den Schnittpunkten von $\mathfrak{q}_2$ mit CD noch die Strecke $S_\sigma T_\sigma$ zum Durchschnitt. Diese können wir aber durch zwei kombinatorische Deformationen von der Strecke CD „abheben". Damit ist $\mathfrak{q}_2$ in einen Querschnitt von $\mathfrak{R}$ übergegangen, der mit CD zwei Schnittpunkte weniger hat. Somit müssen wir nach endlich vielen Schritten auf Fall a kommen.

B. Eine beliebige Kreisringfläche $\mathfrak{R}$ läßt sich durch eine s-Abbildung φ in das Ringgebiet zwischen den Quadraten $\mathfrak{A}$ und $\mathfrak{B}$ überführen, so daß die Querschnitte $\mathfrak{q}_1$ bzw. $\mathfrak{q}_1'$ in die Strecke AB bzw. CD übergehen. Da sich die Schnittzahl von $\mathfrak{q}_2$ mit $\mathfrak{q}_1'$ bei dieser Abbildung nicht ändert, folgt nach A

$$\varphi(\mathfrak{q}_1) \triangleq \varphi(\mathfrak{q}_2) \quad \text{auf} \quad \varphi(\mathfrak{R})$$

und daraus nach Satz II (S. 34)

$$\mathfrak{q}_1 \triangleq \mathfrak{q}_2 \quad \text{auf} \quad \mathfrak{R}.$$

§ 8. Elementarflächenstücke mit Selbstdurchdringung.

Es sei $\overline{\mathfrak{Y}} = \overline{A}\,\overline{R}\,\overline{B}'\,\overline{S}$ ein Quadrat (Abb. 11) und η eine simpliziale Abbildung von $\overline{\mathfrak{Y}}$ in den $\mathfrak{R}^3$, d. h. eine Abbildung, die in den Simplexen einer passenden simplizialen Zerlegung von $\overline{\mathfrak{Y}}$ affin ist. Dabei sollen je zwei Punkte der Strecken $\overline{A}\,\overline{B}$ und $\overline{A}'\,\overline{B}'$ (Abb. 11), die sich bei der Translation $\overline{A} \to \overline{A}'$ entsprechen, denselben Bildpunkt haben, während im übrigen verschiedene Punkte von $\overline{\mathfrak{Y}}$ in verschiedene Punkte des $\mathfrak{R}^3$ übergehen sollen. Überdies soll die Abbildung η so beschaffen sein, daß sich die Bildflächenstücke der beiden 2-Simplexe $\overline{A}\,\overline{R}\,\overline{S}$ und $\overline{B}'\,\overline{R}\,\overline{S}$ längs des Bildes der Strecke $\overline{A}\,\overline{B}$ *durchdringen*. Das Bild $\mathfrak{Y}$ von $\overline{\mathfrak{Y}}$ nennen wir ein *Elementarflächenstück mit Selbstdurchdringung*. Der Rand von $\mathfrak{Y}$, also das η-Bild des Randes $.\overline{A}\,\overline{R}\,\overline{B}'\,\overline{S}\,\overline{A}$ des Quadrates $\overline{\mathfrak{Y}}$ heißt ein *Schlingknoten*. Das η-Bild der Strecke $\overline{A}\,\overline{B}$ heißt die *Durchdringungslinie* von $\mathfrak{Y}$.

Durch die Abbildung η ist neben dem Schlingknoten $\mathfrak{l}$ noch ein anderer Knoten $\mathfrak{k}$ bestimmt, nämlich das η-Bild der Strecke $\overline{A}\,\overline{A}'$;

wir nennen ihn den *Diagonalknoten*. Der Diagonalknoten geht bei einer orientierungserhaltenden s-Abbildung des $\Re^3$ nach § 7 Satz III (S. 37) in einen kombinatorisch isotopen Knoten über.

Ein Elementarflächenstück mit Selbstdurchdringung besitzt außer seinem Diagonalknoten noch zwei weitere Invarianten gegen orientierungserhaltende s-Abbildungen des $\Re^3$, die *Eigenschnittzahl* und die *Verdrillungszahl*. Unter der Eigenschnittzahl z verstehen wir die Schnittzahl von $\mathfrak{Y}$ mit seinem Rande $\mathfrak{l}$, wobei vorausgesetzt wird, daß die zur Bestimmung der Schnittzahl benutzte Orientierung von $\mathfrak{l}$ diejenige ist, die von der willkürlich gewählten Orientierung von $\mathfrak{Y}$ induziert wird. Kehrt man die Orientierung von $\mathfrak{Y}$

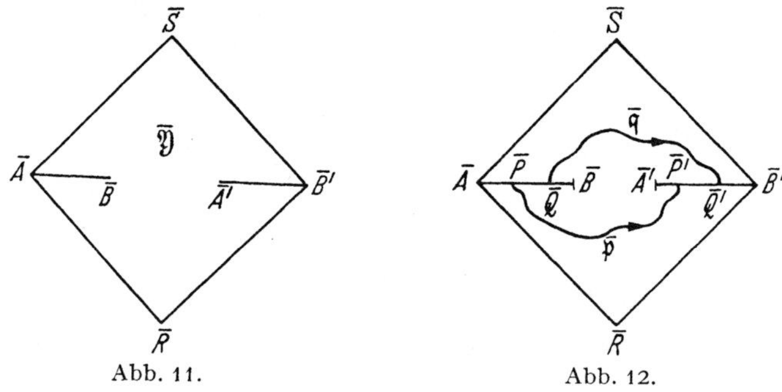

Abb. 11.   Abb. 12.

um, so ändert sich die Orientierung von $\mathfrak{l}$, so daß die Schnittzahl ungeändert bleibt. Ihr Wert kann offenbar nur $+2$ oder -2 sein.

Zur Definition der Verdrillungszahl v von $\mathfrak{Y}$ betrachten wir zwei Punkte $\bar{P}$ und $\bar{Q}$ der Strecke $\bar{A}\bar{B}$ und deren Bildpunkte $\bar{P}'$ und $\bar{Q}'$ bei der Translation $\bar{A} \to \bar{A}'$. $\mathfrak{\bar{p}}$ sei ein von $\bar{P}$ nach $\bar{P}'$ führendes 1-Element, das mit den Strecken $\bar{A}\bar{B}$ und $\bar{A}'\bar{B}'$ nur seine Randpunkte zum Durchschnitt hat und $\mathfrak{\bar{q}}$ ein entsprechendes von $\bar{Q}$ nach $\bar{Q}'$ führendes 1-Element, das zu $\mathfrak{\bar{p}}$ punktfremd ist (Abb. 12). $\mathfrak{\bar{p}}$ (bzw. $\mathfrak{\bar{q}}$) seien von $\bar{P}$ nach $\bar{P}'$ (bzw. von $\bar{Q}$ nach $\bar{Q}'$) orientiert. Bei der Abbildung η gehen die 1-Elemente $\mathfrak{\bar{p}}$ und $\mathfrak{\bar{q}}$ in zwei punktfremde 1-Sphären $\mathfrak{p}$ und $\mathfrak{q}$ über, deren Verschlingungszahl wir als Verdrillungszahl von $\mathfrak{Y}$ erklären. Sie ist von der Auswahl der 1-Elemente $\mathfrak{\bar{p}}$ und $\mathfrak{\bar{q}}$ unabhängig.

Beweis. $\mathfrak{\bar{p}}_1$ und $\mathfrak{\bar{q}}_1$ seien zwei andere 1-Elemente, $\bar{P}_1$ und $\bar{P}'_1$ bzw. $\bar{Q}_1$ und $\bar{Q}'_1$ ihre Randpunkte und $\mathfrak{p}_1$ bzw. $\mathfrak{q}_1$ ihre η-Bilder.

a) Wir nehmen zunächst an, $\mathfrak{\bar{p}}$ und $\mathfrak{\bar{p}}_1$ liegen beide im Dreieck $(\bar{A}\,\bar{R}\,\bar{B}')$ und $\mathfrak{\bar{q}}$ und $\mathfrak{\bar{q}}_1$ beide im Dreieck $(\bar{A}\,\bar{S}\,\bar{B}')$. Es ist dann keine Einschränkung anzunehmen, daß die 1-Elemente $\mathfrak{\bar{p}}$, $\mathfrak{\bar{p}}_1$, $\mathfrak{\bar{q}}$, $\mathfrak{\bar{q}}_1$ mit der Strecke $\bar{A}\bar{B}'$ nur ihre Randpunkte gemeinsam haben, denn dies läßt sich wegen a durch eine beliebig kleine Verschiebung der Ecken der (simplizial zerlegten) 1-Elemente erreichen und dabei ändern sich die Verschlingungszahlen $V(\mathfrak{p}, \mathfrak{q})$ und $V(\mathfrak{p}_1, \mathfrak{q}_1)$ nicht. Ebenso können wir annehmen, daß die Punkte $\bar{P}_1$ und $\bar{Q}_1$ mit keinem der Punkte $\bar{P}$ und $\bar{Q}$ zusammenfallen. Es genügt zu zeigen, daß $V(\mathfrak{p}, \mathfrak{q}) = V(\mathfrak{p}, \mathfrak{q}_1)$.

1. $\bar{P}$ liege im Innern der Strecke $\bar{Q}\,\bar{Q}_1$. Z sei eine simpliziale Zerlegung von $\overline{\mathfrak{Y}}$ derart, daß die Abbildung η in den Simplexen von Z affin ist und daß mit jedem auf $\bar{A}\,\bar{B}$ liegenden 1-Simplex von Z auch das 1-Simplex zu Z gehört, das aus ihm bei der Translation $\bar{A} \to \bar{A}'$ entsteht. Wir können annehmen, daß $\bar{P}$ und $\bar{P}'$ mittlere
Punkte zweier auf $\bar{A}\,\bar{B}$ liegender
1-Simplexe $\bar{a}$ bzw. $\bar{a}'$ von Z sind.
$\bar{a}$ und $\bar{a}'$ sind auf $\overline{\mathfrak{Y}}$ inzident mit
je zwei 2-Simplexen $\bar{e}_1, \bar{e}_2$ (bzw.
$\bar{e}_1', \bar{e}_2'$), wobei $\bar{e}_1$ und $\bar{e}_1'$ die im
Dreieck $(\bar{A}\,\bar{R}\,\bar{B}')$ liegenden seien
(Abb. 13). Bei passender Orien-
tierung von $\bar{e}_2$ und $\bar{e}_2'$ ist

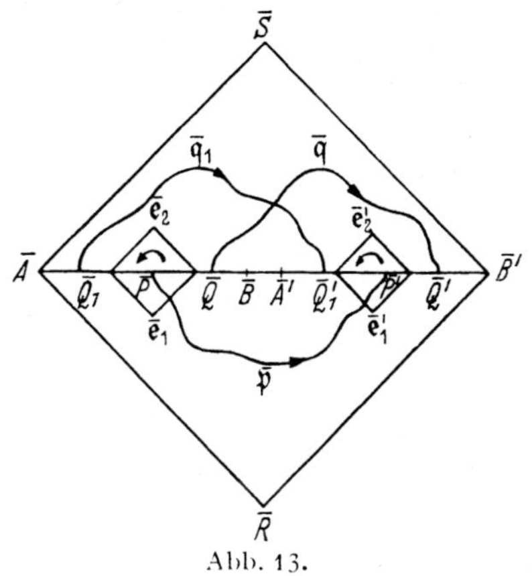

Abb. 13.

$$\mathfrak{z} = \bar{\mathfrak{q}} + \bar{Q}'\bar{Q}_1' - \bar{\mathfrak{q}}_1 - \bar{Q}\,\bar{Q}_1 +$$
$$+ \mathfrak{Rd}\,\bar{e}_2' - \mathfrak{Rd}\,\bar{e}_2$$

ein 1-Zyklus. $\mathfrak{z}$ liegt auf der abgeschlossenen Hülle $\overline{\overline{\mathfrak{F}}}$ von $(\bar{A}\,\bar{S}\,\bar{B}') - \bar{e}_2 - \bar{e}_2'$ und ist, da $\overline{\mathfrak{F}}$ ein Elementarflächenstück ist, auf $\overline{\mathfrak{F}}$ null-homolog,

$$\mathfrak{z} \sim 0 \quad \text{auf} \quad \overline{\overline{\mathfrak{F}}}. \tag{1}$$

Bezeichnen $\mathfrak{e}_i$ und $\mathfrak{e}_i'$ die η-Bilder von $\bar{\mathfrak{e}}_i$ und $\bar{\mathfrak{e}}_i'$ $(i = 1, 2)$, so geht $\bar{\mathfrak{z}}$ bei der Abbildung η in den 1-Zyklus

$$\mathfrak{z} = \mathfrak{q} - \mathfrak{q}_1 + \mathfrak{Rd}\,\mathfrak{e}_2' - \mathfrak{Rd}\,\mathfrak{e}_2 \tag{2}$$

über. Aus (1) folgt

$$\mathfrak{z} \sim 0 \quad \text{auf} \quad \eta(\overline{\mathfrak{F}}) \tag{3}$$

und aus (3), da $\eta(\overline{\mathfrak{F}})$ wegen a zu $\mathfrak{p}$ fremd ist,

$$\mathfrak{z} \sim 0 \quad \text{auf} \quad \mathfrak{Y} - \mathfrak{p}. \tag{4}$$

Aus (4) folgt[1]

$$V(\mathfrak{p}, \mathfrak{z}) = 0 \tag{5}$$

[1] Vgl. Alexandroff-Hopf [1] S. 418, Satz IV.

und aus (5) und (2)

$$V(\mathfrak{p},\, \mathfrak{q} - \mathfrak{q}_1) + V(\mathfrak{p},\, \mathfrak{Rb}\, \mathfrak{e}_2' - \mathfrak{Rb}\, \mathfrak{e}_2) = 0. \tag{6}$$

$V(\mathfrak{p},\, \mathfrak{Rb}\, \mathfrak{e}_2' - \mathfrak{Rb}\, \mathfrak{e}_2)$ ist gleich der Schnittzahl von $\mathfrak{p}$ mit der 2-Kette $\mathfrak{e}_2' - \mathfrak{e}_2$. Diese hat mit $\mathfrak{p}$ den Punkt $P = \eta(\bar{P})$ gemeinsam, wird aber von $\mathfrak{p}$ in P nicht durchsetzt. Denn $\mathfrak{p}$ geht in P vom Dreieck $\mathfrak{e}_1'$ in das Dreieck $\mathfrak{e}_1$ über und die vier Dreiecke $\mathfrak{e}_1,\, \mathfrak{e}_1',\, \mathfrak{e}_2,\, \mathfrak{e}_2'$ liegen in dieser Reihenfolge zyklisch um ihre gemeinsame Seite. Daher ist

$$V(\mathfrak{p},\, \mathfrak{Rb}\, \mathfrak{e}_2' - \mathfrak{Rb}\, \mathfrak{e}_2) = 0. \tag{7}$$

Aus (6) und (7) folgt

$$V(\mathfrak{p},\, \mathfrak{q}) = V(\mathfrak{p},\, \mathfrak{q}_1).$$

2. Liegt $\bar{P}$ außerhalb $\bar{Q}\,\bar{Q}_1$, so wählen wir einen Punkt $\bar{P}_2$ im Innern von $\bar{Q}\,\bar{Q}_1$ und einen Punkt $\bar{P}_3$ im Äußeren von $\bar{Q}\,\bar{Q}_1$ so, daß $\bar{P}$ und $\bar{P}_3$ durch die Strecke $\bar{Q}\,\bar{Q}_1$ getrennt werden (Abb. 14). Die Punkte $\bar{P}_2$ und $\bar{P}_3$ verbinden wir mit ihren entsprechenden $\bar{P}_2'$ und $\bar{P}_3'$ durch 1-Elemente $\bar{\mathfrak{p}}_2$ und $\bar{\mathfrak{p}}_3$, die im Dreieck $(\bar{A}\,\bar{R}\,\bar{B}')$ ver-
laufen. Dann gilt nach 1., wenn $\mathfrak{p}_2$ und $\mathfrak{p}_3$ die η-Bilder von $\bar{\mathfrak{p}}_2$ und $\bar{\mathfrak{p}}_3$ bezeichnen,

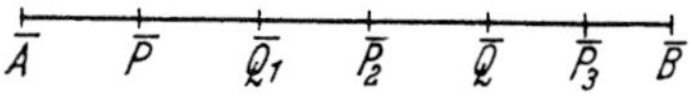

$\bar{A}$　$\bar{P}$　$\bar{Q}_1$　$\bar{P}_2$　$\bar{Q}$　$\bar{P}_3$　$\bar{B}$

Abb. 14.

$$V(\mathfrak{p},\, \mathfrak{q}) = V(\mathfrak{p}_2,\, \mathfrak{q}), \quad (8) \qquad V(\mathfrak{p}_2,\, \mathfrak{q}_1) = V(\mathfrak{p}_3,\, \mathfrak{q}_1), \quad (10)$$

$$V(\mathfrak{p}_2,\, \mathfrak{q}) = V(\mathfrak{p}_2,\, \mathfrak{q}_1), \quad (9) \qquad V(\mathfrak{p}_3,\, \mathfrak{q}_1) = V(\mathfrak{p},\, \mathfrak{q}_1). \quad (11)$$

Aus (8) bis (11) folgt

$$V(\mathfrak{p},\, \mathfrak{q}) = V(\mathfrak{p},\, \mathfrak{q}_1).$$

b) Ist a z. B. für die 1-Elemente $\bar{\mathfrak{p}}$ und $\bar{\mathfrak{q}}$ nicht erfüllt, so schneiden wir $\bar{\mathfrak{Y}}$ längs des Querschnittes $\mathfrak{t} = \bar{A}\,\bar{P} + \bar{\mathfrak{p}} + \bar{P}'\,\bar{B}'$ zu zwei Elementarflächenstücken $\mathfrak{F}_1$ und $\mathfrak{F}_2$ auf. $\mathfrak{F}_1$ sei dasjenige, das den Punkt $\bar{R}$ auf seinem Rand enthält. Das 1-Element $\bar{\mathfrak{q}}$ liegt auf einem dieser Flächenstücke, etwa auf $\mathfrak{F}_2$. Dann können wir die Punkte $\bar{Q}$ und $\bar{Q}'$ offenbar durch ein 1-Element $\bar{\mathfrak{s}}$ auf $\mathfrak{F}_2$ ver-binden, das im Dreieck $\bar{A}\,\bar{B}'\,\bar{S}$ verläuft. Dann gilt

$$\bar{\mathfrak{q}} \sim \bar{\mathfrak{s}} \quad \text{auf} \quad \mathfrak{F}_2.$$

Da $\bar{\mathfrak{p}}$ auf dem Rande von $\mathfrak{F}_2$ liegt, können wir annehmen, daß $\bar{\mathfrak{q}}$ zu $\bar{\mathfrak{p}}$ fremd ist. Dann gilt sogar

$$\bar{\mathfrak{q}} \sim \bar{\mathfrak{s}} \quad \text{auf} \quad \mathfrak{F}_2 - \bar{\mathfrak{p}}. \tag{12}$$

Aus (12) folgt, wenn $\mathfrak{s}$ das η-Bild von $\bar{\mathfrak{s}}$ bezeichnet,

$$\mathfrak{q} \sim \mathfrak{s} \quad \text{auf} \quad \eta(\mathfrak{F}_2 - \bar{\mathfrak{p}}) \tag{13}$$

und aus (13), da $\eta(\mathfrak{F}_2 - \bar{\mathfrak{p}})$ zu $\mathfrak{p}$ fremd ist[1],

$$V(\mathfrak{p}, \mathfrak{q}) = V(\mathfrak{p}, \mathfrak{s}). \tag{14}$$

Durch nochmalige Anwendung von b erhalten wir ein von $\bar{P}$ nach $\bar{P}'$ führendes in $(\bar{A}\,\bar{R}\,\bar{B}')$ verlaufendes 1-Element $\bar{\mathfrak{r}}$, für dessen η-Bild $\mathfrak{r}$ gilt

$$V(\mathfrak{p}, \mathfrak{s}) = V(\mathfrak{r}, \mathfrak{s}). \tag{15}$$

Aus (14) und (15) folgt

$$V(\mathfrak{p}, \mathfrak{q}) = V(\mathfrak{r}, \mathfrak{s}).$$

Damit ist b auf a zurückgeführt.

Unser Ziel ist, zu zeigen, daß Diagonalknoten, Eigenschnittzahl und Verdrillungszahl die einzigen Invarianten eines Elementarflächenstückes mit Selbstdurchdringung gegen orientierungserhaltende s-Abbildungen des $\mathfrak{R}^3$ sind, mit anderen Worten:

Sind $\mathfrak{Y}$ und $\widetilde{\mathfrak{Y}}$ zwei Elementarflächenstücke mit Selbstdurchdringung, deren Diagonalknoten kombinatorisch isotop sind und die in Eigenschnittzahl und Verdrillungszahl übereinstimmen, so gibt es eine orientierungserhaltende s-Abbildung des $\mathfrak{R}^3$, die $\mathfrak{Y}$ in $\widetilde{\mathfrak{Y}}$ überführt.

Wir führen den Beweis in sechs Schritten.

1. Schritt. Nach § 7 Satz III (S. 37) gibt es eine orientierungserhaltende s-Abbildung des $\mathfrak{R}^3$, die den Diagonalknoten von $\mathfrak{Y}$ in den von $\widetilde{\mathfrak{Y}}$ überführt. Dabei können wir nach § 3 Beispiel II (S. 11) annehmen, daß die beiden Durchdringungslinien ineinander übergehen.

2. Schritt. Nach dem ersten Schritt können wir annehmen, daß die Diagonalknoten von $\mathfrak{Y}$ und $\widetilde{\mathfrak{Y}}$ dieselbe 1-Sphäre im $\mathfrak{R}^3$ sind. Bezeichnen η und $\tilde{\eta}$ die zu $\mathfrak{Y}$ und $\widetilde{\mathfrak{Y}}$ gehörigen simplizialen Abbildungen, so sei Z eine simpliziale Zerlegung von $\widetilde{\mathfrak{Y}}$ derart, daß die Abbildungen η und $\tilde{\eta}$ in den Simplexen von Z affin sind und daß mit jeder auf $\bar{A}\,\bar{B}$ liegenden Ecke $\bar{E}$ von Z auch die Ecke zu Z gehört, die man aus $\bar{E}$ bei der Translation $\bar{A} \to \bar{A}'$ erhält. Es sei $\bar{\mathfrak{a}}$ ein im Innern von $\bar{A}\,\bar{B}$ liegendes 1-Simplex von Z. Bezeichnet $\bar{\mathfrak{a}}'$ das 1-Simplex, das man aus $\bar{\mathfrak{a}}$ bei der Translation $\bar{A} \to \bar{A}'$ erhält, so sind $\bar{\mathfrak{a}}$ bzw. $\bar{\mathfrak{a}}'$ auf $\widetilde{\mathfrak{Y}}$ inzident mit je zwei 2-Simplexen $\bar{\mathfrak{e}}_1$, $\bar{\mathfrak{e}}_2$ bzw. $\bar{\mathfrak{e}}_1'$, $\bar{\mathfrak{e}}_2'$; dabei seien $\bar{\mathfrak{e}}_1$ und $\bar{\mathfrak{e}}_1'$ die im Dreieck $(\bar{A}\,\bar{R}\,\bar{B}')$ liegenden.

---

[1] Vgl. ALEXANDROFF-HOPF [1] S. 418, Satz IV.

Bei der Abbildung η gehen $\bar{\mathfrak{e}}_1$, $\bar{\mathfrak{e}}'_1$, $\bar{\mathfrak{e}}_2$, $\bar{\mathfrak{e}}'_2$ in vier 2-Simplexe $\mathfrak{e}_1$, $\mathfrak{e}'_1$, $\mathfrak{e}_2$, $\mathfrak{e}'_2$ über, welche in dieser Reihenfolge zyklisch um ihre gemeinsame Seite, das Bildsimplex $\mathfrak{a}$ von $\bar{\mathfrak{a}}$ herumliegen. Da die Durchdringungslinien von $\mathfrak{Y}$ und $\widetilde{\mathfrak{Y}}$ übereinstimmen, gibt es zu $\bar{\mathfrak{a}}$ ein auf $\bar{A}\,\bar{B}$ liegendes 1-Simplex $\tilde{\bar{\mathfrak{a}}}$, so daß das $\tilde{\eta}$-Bild von $\tilde{\bar{\mathfrak{a}}}$ mit dem η-Bild von $\bar{\mathfrak{a}}$, also mit $\mathfrak{a}$ übereinstimmt. Bezeichnen $\tilde{\bar{\mathfrak{e}}}_1$, $\tilde{\bar{\mathfrak{e}}}'_1$, $\tilde{\bar{\mathfrak{e}}}_2$, $\tilde{\bar{\mathfrak{e}}}'_2$ die entsprechenden 2-Simplexe und $\tilde{\mathfrak{e}}_1$, $\tilde{\mathfrak{e}}'_1$, $\tilde{\mathfrak{e}}_2$, $\tilde{\mathfrak{e}}'_2$ ihre $\tilde{\eta}$-Bilder, so liegen $\tilde{\mathfrak{e}}_1$, $\tilde{\mathfrak{e}}'_1$, $\tilde{\mathfrak{e}}_2$, $\tilde{\mathfrak{e}}'_2$ in dieser Reihenfolge zyklisch um $\mathfrak{a}$ herum.

Es sei K bzw. $\widetilde{K}$ der simpliziale Komplex, der aus dem Diagonalknoten $\mathfrak{k}$ und den vier 2-Simplexen $\mathfrak{e}_1$, $\mathfrak{e}'_1$, $\mathfrak{e}_2$, $\mathfrak{e}'_2$ bzw. $\mathfrak{k}$ und $\tilde{\mathfrak{e}}_1$, $\tilde{\mathfrak{e}}'_1$, $\tilde{\mathfrak{e}}_2$, $\tilde{\mathfrak{e}}'_2$ besteht. Wir führen K isotop simplizial in $\widetilde{K}$ über,

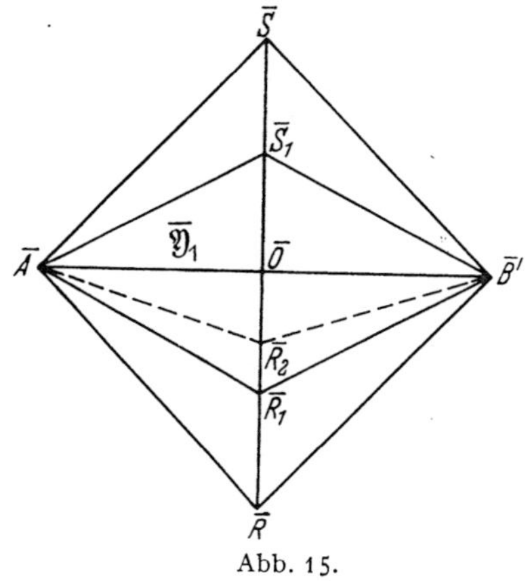

Abb. 15.

indem wir die Ecken von $\mathfrak{k}$ festhalten und die ersten vier Dreiecke um die gemeinsame Seite in die zweiten vier drehen, so daß $\mathfrak{e}_1$ in $\tilde{\mathfrak{e}}_1$ übergeht. Dabei geht $\mathfrak{e}_2$ in $\tilde{\mathfrak{e}}_2$ und $\mathfrak{e}'_1$ entweder in $\tilde{\mathfrak{e}}'_1$ oder in $\tilde{\mathfrak{e}}'_2$ über[1]. Die Endabbildung dieser Deformation läßt sich nach § 3 Satz I (S. 8) zu einer s-Abbildung des $\mathfrak{R}^3$ erweitern.

3. Schritt. Nach dem zweiten Schritte können wir annehmen, daß $\mathfrak{Y}$ und $\widetilde{\mathfrak{Y}}$ in einer hinreichend kleinen Umgebung eines mittleren Punktes M der gemeinsamen Durchdringungslinie übereinstimmen. Z sei eine simpliziale Zerlegung des $\mathfrak{R}^3$ derart, daß eine passende simpliziale Zerlegung k von $\mathfrak{k}$ Kantenweg von Z ist und daß M Ecke von Z ist. Wir betrachten die simpliziale Umgebung $U(k)$ von k[†]. Die 3-Zellen von $U(k)$, die zu den 0- und 1-Simplexen von k gehören, bilden einen Vollring $\mathfrak{R}$, der den Diagonalknoten $\mathfrak{k}$ umgibt. $\mathfrak{m}$ bezeichne die zum Punkte M gehörige 3-Zelle. Nach dem zweiten Schritt können wir die Zerlegung Z so fein wählen, daß $\mathfrak{Y}$ und $\widetilde{\mathfrak{Y}}$ innerhalb der 3-Zelle $\mathfrak{m}$ übereinstimmen.

Wir ziehen nun die Flächenstücke $\mathfrak{Y}$ und $\widetilde{\mathfrak{Y}}$ so nahe an den Diagonalknoten $\mathfrak{k}$ heran, daß sie im Innern des Vollringes $\mathfrak{R}$ liegen.

---

[1] Im vierten Schritt wird aus der Gleichheit der Eigenschnittzahlen von $\mathfrak{Y}$ und $\widetilde{\mathfrak{Y}}$ folgen, daß nur der erste Fall möglich ist.

[†] Definition s. § 6, S. 25.

Dazu schneiden wir aus dem Quadrat $\overline{\mathfrak{Y}}$ längs der Diagonale $\overline{A}\,\overline{B}'$ einen Rhombus $\overline{\mathfrak{Y}}_1 = \overline{A}\,\overline{R}_1\overline{B}'\,\overline{S}_1$ aus (Abb. 15). $\overline{\mathfrak{Y}}_1$ geht bei der Abbildung η in ein Elementarflächenstück mit Selbstdurchdringung $\mathfrak{Y}_1$ über, das denselben Diagonalknoten hat wie $\mathfrak{Y}$. $\mathfrak{Y}_1$ liegt, falls wir den Rhombus $\overline{\mathfrak{Y}}_1$ hinreichend schmal wählen, ganz im Vollring $\mathfrak{R}$. Wir zeigen, daß sich $\mathfrak{Y}$ durch eine s-Abbildung des $\mathfrak{R}^3$, die auf $\mathfrak{k}$ die Identität ist, in $\mathfrak{Y}_1$ überführen läßt. Ist $\overline{O}$ der Mittelpunkt von $\overline{\mathfrak{Y}}$ und $\overline{R}_2$ ein mittlerer Punkt der Strecke $\overline{O}\,\overline{R}_1$, so geht das Viereck $\overline{A}\,\overline{R}\,\overline{B}'\,\overline{R}_2$ bzw. $\overline{A}\,\overline{R}_1\overline{B}'\,\overline{R}_2$ bei der Abbildung η in ein Elementarflächenstück $\mathfrak{F}$ bzw. $\mathfrak{F}_1$ über. Nach § 3 Beispiel IV (S. 12) gibt es eine s-Abbildung des $\mathfrak{R}^3$, die $\mathfrak{F}$ in $\mathfrak{F}_1$ überführt und auf dem Komplex $\eta(\overline{A}\,\overline{R}_2\overline{B}'\,\overline{S})$ die Identität ist. Durch nochmalige Anwendung dieses Verfahrens erhalten wir die gewünschte s-Abbildung.

Entsprechend führen wir $\widetilde{\mathfrak{Y}}$ durch eine s-Abbildung des $\mathfrak{R}^3$ in ein Elementarflächenstück mit Selbstdurchdringung über, das ganz in $\mathfrak{R}$ liegt.

4. Schritt. Nach dem dritten Schritt können wir annehmen, daß $\mathfrak{Y}$ und $\widetilde{\mathfrak{Y}}$ beide im Innern des Vollringes $\mathfrak{R}$ liegen. Die 3-Zelle $\mathfrak{m}$ hat mit den beiden angrenzenden 3-Zellen von $U(k)$ je eine 2-Zelle $\mathfrak{U}$ bzw. $\mathfrak{W}$ zum Durchschnitt. $\mathfrak{Y}$ schneidet den Rand von $\mathfrak{m}$ in vier 1-Elementen, die aus je zwei Strecken bestehen und von denen zwei auf $\mathfrak{U}$ und zwei auf $\mathfrak{W}$ liegen.

Wir zerlegen nun den Vollring $\mathfrak{R}$ in die 3-Zelle $\mathfrak{m}$ und das komplementäre dreidimensionale Element $\mathfrak{o}$. Der Diagonalknoten zerfällt dabei durch seine beiden Durchstoßungspunkte U und V mit dem Rande von $\mathfrak{m}$ in die Strecke UV und eine Sehne $\mathfrak{s}$ † von $\mathfrak{o}$. Die Durchdringungslinie von $\mathfrak{Y}$ zerfällt in die Strecke UV und in zwei 1-Elemente $\mathfrak{a}$ und $\mathfrak{b}$, die von U bzw. V nach den Randpunkten A und B der Durchdringungslinie führen. Das Flächenstück $\mathfrak{Y}$ zerfällt in drei Teile (Abb. 16)[1]:

1. Ein Elementarflächenstück $\mathfrak{F}$ im Raumstück $\mathfrak{o}$, das längs zweier 1-Elemente $\mathfrak{u}$ und $\mathfrak{v}$ an den Rand von $\mathfrak{o}$ stößt. Dabei liegt $\mathfrak{u}$ auf $\mathfrak{U}$ und $\mathfrak{v}$ auf $\mathfrak{W}$. Die Randpunkte von $\mathfrak{u}$ bzw. $\mathfrak{v}$ seien U_1 und U_2 bzw. V_1 und V_2. Der Rand von $\mathfrak{F}$ besteht neben den 1-Elementen $\mathfrak{u}$ und $\mathfrak{v}$ aus zwei 1-Elementen $\mathfrak{l}_1$ und $\mathfrak{l}_2$ mit den Randpunkten U_1 und V_1 bzw. U_2 und V_2.

---

† Unter einer Sehne eines dreidimensionalen Elementes $\mathfrak{o}$ verstehen wir ein 1-Element, das abgesehen von seinen Randpunkten im Innern von $\mathfrak{o}$ liegt.

[1] Dabei ist $\mathfrak{m}$ als Würfel gezeichnet.

2. Zwei Elementarflächenstücke $\mathfrak{G}$ und $\mathfrak{G}'$, die je längs eines 1-Elementes $\mathfrak{g}$ bzw. $\mathfrak{g}'$ an den Rand von $\mathfrak{m}$ stoßen. Dabei liegt $\mathfrak{g}$ auf $\mathfrak{U}$ und $\mathfrak{g}'$ auf $\mathfrak{V}$. Die 1-Elemente $\mathfrak{g}$ und $\mathfrak{u}$ (bzw. $\mathfrak{g}'$ und $\mathfrak{v}$) schneiden sich genau im Punkte U (bzw. V). Das Flächenstück $\mathfrak{G}$ (bzw. $\mathfrak{G}'$) durchdringt das Flächenstück $\mathfrak{F}$ längs des 1-Elementes $\mathfrak{a}$ (bzw. $\mathfrak{b}$).

3. Zwei Elementarflächenstücke $\mathfrak{F}$ und $\mathfrak{J}$ in $\mathfrak{m}$, die sich längs UV durchdringen. $\mathfrak{F}$ (bzw. $\mathfrak{J}$) stoßen längs der 1-Elemente $\mathfrak{u}$ und $\mathfrak{g}'$ (bzw. $\mathfrak{v}$ und $\mathfrak{g}$) an den Rand von $\mathfrak{m}$.

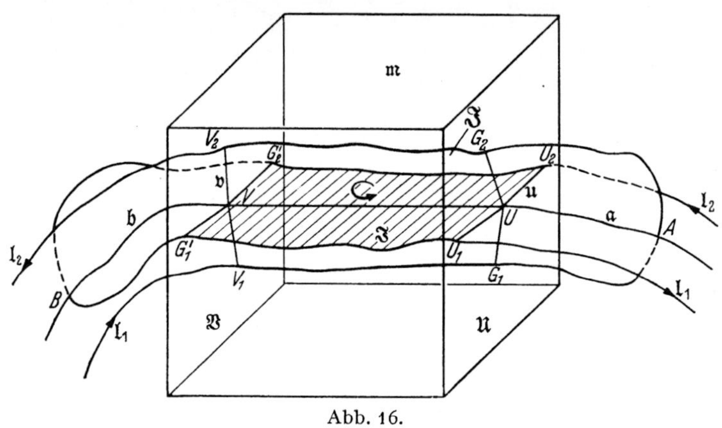

Abb. 16.

Bezeichnen wir die entsprechenden Stücke von $\widetilde{\mathfrak{Y}}$ mit $\widetilde{\mathfrak{F}}$ usw., so gilt nach dem zweiten Schritt

$$\mathfrak{F}=\widetilde{\mathfrak{F}}, \qquad \mathfrak{J}=\widetilde{\mathfrak{J}}, \qquad \mathfrak{u}=\tilde{\mathfrak{u}}, \qquad \mathfrak{v}=\tilde{\mathfrak{v}}, \qquad \mathfrak{g}=\tilde{\mathfrak{g}}, \qquad \mathfrak{g}'=\tilde{\mathfrak{g}}'.$$

Wir wählen nun eine Orientierung von $\mathfrak{Y}$. Dadurch wird auf dem Schlingknoten $\mathfrak{l}$ eine Orientierung induziert. Die Orientierung von $\mathfrak{Y}$ wählen wir so, daß $\mathfrak{l}_1$ von U_1 nach V_1 und daher $\mathfrak{l}_2$ von V_2 nach U_2 orientiert wird.

Nun orientieren wir auch das Flächenstück $\widetilde{\mathfrak{Y}}$ und zwar so, daß die Orientierungen von $\mathfrak{Y}$ und $\widetilde{\mathfrak{Y}}$ auf dem gemeinsamen Flächenstück $\mathfrak{F}$ übereinstimmen. Vom 1-Element $\tilde{\mathfrak{l}}_1$ wissen wir zunächst, daß es von U_1 nach V_1 oder nach V_2 führt. Wir zeigen, daß nur das erstere möglich ist. Auf dem Flächenstück $\mathfrak{G}$ ist durch $\mathfrak{Y}$ eine Orientierung bestimmt und diese induziert auf dem 1-Elemente $\mathfrak{g}$ eine Orientierung. Bezeichnet $\mathfrak{Rd}\,\mathfrak{G}$ den (entsprechend orientierten) Rand von $\mathfrak{G}$, so hat das 1-Element $\mathfrak{Rd}\,\mathfrak{G}-\mathfrak{g}$ mit $\mathfrak{F}+\mathfrak{J}$ die Schnittzahl ± 1, jenachdem die Eigenschnittzahl z

von $\mathfrak{Y}$ gleich ± 2 ist, also die Schnittzahl $z/2$. Die Schnittzahl von $\mathfrak{g}$ mit $\mathfrak{J} + \mathfrak{F}$ ist daher $-z/2$. Entsprechend wird von $\widetilde{\mathfrak{Y}}$ auf $\widetilde{\mathfrak{G}}$ und von $\widetilde{\mathfrak{G}}$ auf $\mathfrak{g}$ eine Orientierung induziert und die Schnittzahl von $\mathfrak{g}$ mit $\mathfrak{J} + \widetilde{\mathfrak{F}}$ ist auch gleich $-z/2$, da die Eigenschnittzahlen von $\mathfrak{Y}$ und $\widetilde{\mathfrak{Y}}$ übereinstimmen. Daraus folgt, da die Orientierungen von $\mathfrak{Y}$ und $\widetilde{\mathfrak{Y}}$ auf dem gemeinsamen Flächenstück $\mathfrak{J}$ übereinstimmen, daß $\mathfrak{G}$ und $\widetilde{\mathfrak{G}}$ auf $\mathfrak{g}$ dieselben Orientierungen induzieren. Da $\mathfrak{J}$ (bzw. $\widetilde{\mathfrak{J}}$†) auf $\mathfrak{g}$ die umgekehrte Orientierung induziert wie $\mathfrak{G}$ (bzw. $\widetilde{\mathfrak{G}}$), müssen $\mathfrak{J}$ und $\widetilde{\mathfrak{J}}$ auf $\mathfrak{g}$ dieselben Orientierungen induzieren. Daher müssen die Orientierungen von $\mathfrak{Y}$ und $\widetilde{\mathfrak{Y}}$ auf dem gemeinsamen Flächenstück $\mathfrak{J}$ dieselben sein, was nur dann möglich ist, wenn $\tilde{\mathfrak{l}}_1$ ebenso wie $\mathfrak{l}_1$ von U_1 nach V_1 führt.

5. Schritt. Wir zeigen, daß man die Flächenstücke $\mathfrak{J}$ und $\widetilde{\mathfrak{J}}$ durch eine s-Abbildung des $\mathfrak{R}^3$ ineinander überführen kann, so daß alle Punkte außerhalb des Raumstücks $\mathfrak{o}$ festbleiben.

a) Es sei $\mathfrak{W}$ ein Würfel, der durch parallele Ebenen in so viele quadratische Prismen zerlegt ist als das Raumstück $\mathfrak{o}$ 3-Zellen enthält. Ist $\mathfrak{T}$ eine beliebige 3-Zelle von $\mathfrak{o}$ und $\mathfrak{t}$ die 1-Zelle, die $\mathfrak{T}$ aus dem Diagonalknoten ausschneidet, so gibt es offenbar eine s-Abbildung von $\mathfrak{T}$ auf das entsprechende quadratische Prisma $\mathfrak{P}$, so daß $\mathfrak{t}$ in die Achse von $\mathfrak{P}$ übergeht. Überdies kann man annehmen, daß die beiden 2-Zellen, längs denen $\mathfrak{T}$ an die angrenzenden 3-Zellen stößt, in die Grund- bzw. Deckfläche von $\mathfrak{P}$ übergehen. Durch wiederholte Anwendung dieses Verfahrens erhalten wir eine s-Abbildung φ von $\mathfrak{o}$ auf den Würfel $\mathfrak{W}$, welche die Sehne $\mathfrak{s}$ in eine durch den Mittelpunkt von $\mathfrak{W}$ gehende zu einer Kante parallele Strecke überführt. Von dieser Abbildung können wir offenbar annehmen, daß sie die 1-Elemente $\mathfrak{u}$, $\mathfrak{v}$, $\mathfrak{g}$, $\mathfrak{g}'$ in vier Strecken überführt, die zu den Kanten von $\mathfrak{W}$ parallel sind. Die Abbildung φ läßt sich zu einer s-Abbildung des $\mathfrak{R}^3$ erweitern; denn nach § 5 Satz I (S. 22) gibt es eine s-Abbildung φ_1 (bzw. φ_2) des $\mathfrak{R}^3$, die das Raumstück $\mathfrak{o}$ (bzw. $\mathfrak{W}$) in ein 3-Simplex $\mathfrak{e}^3$ überführt. $\varphi_2 \varphi \varphi_1^{-1}$ läßt sich als semilineare Selbstabbildung von $\mathfrak{e}^3$ zu einer s-Abbildung Φ des $\mathfrak{R}^3$ erweitern. Dann ist $\varphi_2^{-1} \Phi \varphi_1$ die verlangte Abbildung.

b) Nach a können wir annehmen, daß das Raumstück $\mathfrak{o}$ ein Würfel $\mathfrak{W}$, die Sehne $\mathfrak{s}$ eine durch den Mittelpunkt von $\mathfrak{W}$ gehende zu einer Kante parallele Strecke $U V$ ist und daß die 1-Elemente

---

† $\mathfrak{J}$ und $\widetilde{\mathfrak{J}}$ unterscheiden sich höchstens um die Orientierung.

$\mathfrak{u}$, $\mathfrak{v}$, $\mathfrak{g}$, $\mathfrak{g}'$ vier zu den Kanten von $\mathfrak{W}$ parallele Strecken $U_1 U_2$, $V_1 V_2$, $G_1 G_2$, $G_1' G_2'$ sind (Abb. 17). $\mathfrak{l}_1$ und $\mathfrak{l}_2$ sind zwei Sehnen von $\mathfrak{W}$ mit den Randpunkten U_1 und V_1 bzw. U_2 und V_2. Wir machen nun von der Gleichheit der Verdrillungszahlen von $\mathfrak{Y}$ und $\widetilde{\mathfrak{Y}}$ Gebrauch. Dazu wählen wir im Urbild $\overline{\mathfrak{Y}}$ die 1-Elemente $\overline{\mathfrak{p}}$ und $\overline{\mathfrak{q}}$ so[1], daß die entsprechenden η-Bild-1-Sphären $\mathfrak{p}$ und $\mathfrak{q}$ innerhalb des Würfels $\mathfrak{W}$ mit den 1-Elementen $\mathfrak{l}_1$ bzw. $\mathfrak{l}_2$ zusammenfallen, was offenbar möglich ist. Da die Flächenstücke $\mathfrak{Y}$ und $\widetilde{\mathfrak{Y}}$ außerhalb $\mathfrak{W}$ bereits übereinstimmen, können wir für die entsprechenden

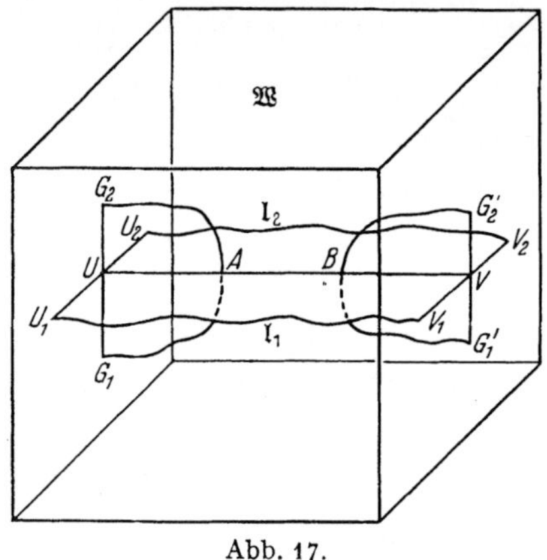

Abb. 17.

1-Sphären $\tilde{\mathfrak{p}}$ und $\tilde{\mathfrak{q}}$ auf $\widetilde{\mathfrak{Y}}$ die folgenden nehmen:

$$\tilde{\mathfrak{p}} = \mathfrak{p} + \tilde{\mathfrak{l}}_1 - \mathfrak{l}_1,$$

$$\tilde{\mathfrak{q}} = \mathfrak{q} + \tilde{\mathfrak{l}}_2 - \mathfrak{l}_2.$$

Wir schließen nun die 1-Elemente $\mathfrak{l}_1$ und $\mathfrak{l}_2$ (und damit auch $\tilde{\mathfrak{l}}_1$ und $\tilde{\mathfrak{l}}_2$) durch je drei auf dem Rande von $\mathfrak{W}$ liegende zu den Kanten von $\mathfrak{W}$ parallele Strecken zu zwei punktfremden 1-Sphären $\mathfrak{s}_1$ und $\mathfrak{s}_2$ (bzw. $\tilde{\mathfrak{s}}_1$ und $\tilde{\mathfrak{s}}_2$). Damit werden auch die beiden Stücke von $\mathfrak{p}$ und $\mathfrak{q}$ außerhalb $\mathfrak{W}$ zu zwei 1-Sphären $\mathfrak{t}_1$ und $\mathfrak{t}_2$ geschlossen. Als Orientierung von $\mathfrak{s}_i$ und $\mathfrak{t}_i (i = 1, 2)$ nehmen wir die von $\mathfrak{p}$ bzw. $\mathfrak{q}$ induzierten. Dann gilt

$$\mathfrak{p} = \mathfrak{s}_1 + \mathfrak{t}_1, \qquad (1) \qquad \tilde{\mathfrak{p}} = \tilde{\mathfrak{s}}_1 + \mathfrak{t}_1, \qquad (\tilde{1})$$

$$\mathfrak{q} = \mathfrak{s}_2 + \mathfrak{t}_2, \qquad (2) \qquad \tilde{\mathfrak{q}} = \tilde{\mathfrak{s}}_2 + \mathfrak{t}_2. \qquad (\tilde{2})$$

Aus (1) und (2) folgt

$$V(\mathfrak{p}, \mathfrak{q}) = V(\mathfrak{s}_1, \mathfrak{s}_2) + V(\mathfrak{s}_1, \mathfrak{t}_2) + V(\mathfrak{t}_1, \mathfrak{s}_2) + V(\mathfrak{t}_1, \mathfrak{t}_2). \qquad (3)$$

Da $\mathfrak{s}_1$ zum Äußeren von $\mathfrak{W}$ und $\mathfrak{t}_2$ zum Inneren von $\mathfrak{W}$ fremd ist, gilt

$$V(\mathfrak{s}_1, \mathfrak{t}_2) = 0 \qquad (4)$$

und entsprechend ist

$$V(\mathfrak{t}_1, \mathfrak{s}_2) = 0. \qquad (5)$$

---

[1] Siehe S. 44.

Aus (3), (4) und (5) folgt

$$V(\mathfrak{p},\mathfrak{q}) = V(\mathfrak{s}_1,\mathfrak{s}_2) + V(\mathfrak{t}_1,\mathfrak{t}_2). \tag{6}$$

Entsprechend folgt aus ($\tilde{1}$) und ($\tilde{2}$)

$$V(\tilde{\mathfrak{p}},\tilde{\mathfrak{q}}) = V(\tilde{\mathfrak{s}}_1,\tilde{\mathfrak{s}}_2) + V(\mathfrak{t}_1,\mathfrak{t}_2). \tag{$\tilde{6}$}$$

Nach Voraussetzung gilt

$$V(\mathfrak{p},\mathfrak{q}) = V(\tilde{\mathfrak{p}},\tilde{\mathfrak{q}}). \tag{7}$$

Aus (6), ($\tilde{6}$) und (7) folgt

$$V(\mathfrak{s}_1,\mathfrak{s}_2) = V(\tilde{\mathfrak{s}}_1,\tilde{\mathfrak{s}}_2).$$

Nach dem am Schlusse nachzutragenden Hilfssatz III (S. 59) gibt es daher eine s-Abbildung des Würfels $\mathfrak{W}$ auf sich, die $\mathfrak{F}$ in $\tilde{\mathfrak{F}}$ überführt und auf dem Rande von $\mathfrak{W}$ die Identität ist. Diese ergänzen wir zu einer s-Abbildung des $\mathfrak{R}^3$, indem wir alle Punkte außerhalb $\mathfrak{W}$ festlassen.

6. Schritt. Nach dem fünften Schritt können wir annehmen, daß die Flächenstücke $\mathfrak{F}$ und $\tilde{\mathfrak{F}}$ übereinstimmen. Wir zeigen, daß es eine s-Abbildung des $\mathfrak{R}^3$ gibt, die die beiden Flächenstücke $\mathfrak{G}$ und $\mathfrak{G}'$ in $\tilde{\mathfrak{G}}$ und $\tilde{\mathfrak{G}}'$ überführt und außerhalb des Raumstückes $\mathfrak{o}$ und auf $\mathfrak{F}$ die Identität ist. Nach dem fünften Schritt a können wir annehmen, daß $\mathfrak{o}$ der Würfel $\mathfrak{W}$ und die Sehne $\mathfrak{s}$ die Strecke UV ist und daß die vier 1-Elemente $\mathfrak{u}$, $\mathfrak{v}$, $\mathfrak{g}$, $\mathfrak{g}'$ die vier Strecken U_1U_2, V_1V_2. G_1G_2, $G_1'G_2'$ sind (Abb. 17).

Nach dem am Schlusse nachzutragenden Hilfssatz II (S. 58) gibt es eine s-Abbildung φ des $\mathfrak{R}^3$, die den Würfel $\mathfrak{W}$ in sich und das Flächenstück $\mathfrak{F}$ in das Rechteck $U_1V_1V_2U_2$ überführt. Dabei gehen die Strecken U_1U_2 und V_1V_2 in sich über. Wir können annehmen, daß auch die Strecken G_1G_2, $G_1'G_2'$ und UV in sich übergehen. Die Flächenstücke $\mathfrak{G}$, $\mathfrak{G}'$, $\tilde{\mathfrak{G}}$, $\tilde{\mathfrak{G}}'$ gehen in Flächenstücke $\mathfrak{H}$, $\mathfrak{H}'$, $\tilde{\mathfrak{H}}$, $\tilde{\mathfrak{H}}'$ über. Es genügt eine s-Abbildung von $\mathfrak{W}$ auf sich anzugeben, die $\mathfrak{H}$ bzw. $\mathfrak{H}'$ in das Dreieck (G_1G_2A) bzw. $(G_1'G_2'B)$ überführt und auf dem Rande von $\mathfrak{W}$ und auf $U_1V_1V_2U_2$ die Identität ist. Denn ist ψ eine solche Abbildung und $\tilde{\psi}$ die entsprechende Abbildung für $\tilde{\mathfrak{H}}$, so ergänzen wir ψ und $\tilde{\psi}$ zu zwei s-Abbildungen Ψ und $\tilde{\Psi}$ des $\mathfrak{R}^3$, indem wir alle Punkte außerhalb $\mathfrak{W}$ festlassen; dann ist $\varphi^{-1}\tilde{\Psi}^{-1}\Psi\varphi$ die verlangte Abbildung.

$\mathfrak{H}$ (bzw. $\mathfrak{H}'$) zerfällt durch den Querschnitt UA (bzw. VB) in zwei Teile $\mathfrak{H}_1$ und $\mathfrak{H}_2$ (bzw. $\mathfrak{H}'_1$ und $\mathfrak{H}'_2$).

a) Wir nehmen zunächst an, $\mathfrak{H}$ und $\mathfrak{H}'$ haben mit der von $U_1 V_1 V_2 U_2$ bestimmten Ebene $\mathfrak{L}$ nur die Strecke UA bzw. VB gemeinsam und es gebe eine zu UV senkrechte Ebene $\mathfrak{L}'$, die $\mathfrak{H}$ und $\mathfrak{H}'$ voneinander trennt. $\mathfrak{W}$ zerfällt durch die Ebenen $\mathfrak{L}$ und $\mathfrak{L}'$ in vier Prismen $\mathfrak{P}_1$, $\mathfrak{P}_2$, $\mathfrak{P}'_1$, $\mathfrak{P}'_2$; dabei sei die Bezeichnung so gewählt, daß $\mathfrak{H}_i$ bzw. $\mathfrak{H}'_i$ in $\mathfrak{P}_i$ bzw. $\mathfrak{P}'_i$ liegt ($i = 1, 2$). Nach § 4 Beispiel zu Satz II (S. 17) gibt es eine s-Abbildung φ_i (bzw. φ'_i) von $\mathfrak{P}_i$ (bzw. $\mathfrak{P}'_i$) auf sich, die $\mathfrak{H}_i$ (bzw. $\mathfrak{H}'_i$) in $(G_i UA)$ (bzw. $G'_i VB$) überführt und auf dem Rande von $\mathfrak{P}_i$ (bzw. $\mathfrak{P}'_i$) die Identität ist. Die Abbildungen $\varphi_1, \varphi_2, \varphi'_1, \varphi'_2$ ergeben zusammen die gewünschte s-Abbildung von $\mathfrak{W}$.

b) Ist a nicht erfüllt, so ziehen wir auf $\mathfrak{H}_i$ von G_i nach A einen Querschnitt $\mathfrak{q}_i$ ($i = 1, 2$). $\mathfrak{h}_i$ sei das von der 1-Sphäre $\mathfrak{q}_i + G_i U + UA$ berandete Flächenstück. Haben $\mathfrak{q}'_i$ und $\mathfrak{h}'_i$ entsprechende Bedeutung für $\mathfrak{H}'_i$, so erfüllen die Flächenstücke $\mathfrak{h}_1 + \mathfrak{h}_2$ und $\mathfrak{h}'_1 + \mathfrak{h}'_2$, falls wir $\mathfrak{q}_i$ (bzw. $\mathfrak{q}'_i$) hinreichend nahe am 1-Element $G_i U + UA$ (bzw. $G'_i V + VB$) wählen, die Bedingung a. Durch viermalige Anwendung von § 3 Beispiel IV (S. 12) erhalten wir eine s-Abbildung χ von $\mathfrak{W}$ auf sich, die $\mathfrak{H}_1 + \mathfrak{H}_2$ bzw. $\mathfrak{H}'_1 + \mathfrak{H}'_2$ in $\mathfrak{h}_1 + \mathfrak{h}_2$ bzw. $\mathfrak{h}'_1 + \mathfrak{h}'_2$ überführt und auf dem Rande von $\mathfrak{W}$ und auf $U_1 V_1 V_2 U_2$ die Identität ist. Nach a gibt es eine s-Abbildung Φ von $\mathfrak{W}$ auf sich, die $\mathfrak{h}_1 + \mathfrak{h}_2$ bzw. $\mathfrak{h}'_1 + \mathfrak{h}'_2$ in $(G_1 G_2 A)$ bzw. $(G'_1 G'_2 B)$ überführt und auf dem Rande von $\mathfrak{W}$ und auf $U_1 V_1 V_2 U_2$ die Identität ist. Dann ist $\Phi\chi$ die verlangte Abbildung. Damit ist alles bewiesen.

Wir haben noch zwei Hilfssätze nachzutragen. Dazu benötigen wir einige Vorbetrachtungen.

Es sei $\mathfrak{k}$ eine im $\mathfrak{R}^3$ liegende stetige orientierte Kurve[1], $\mathfrak{g}$ eine zu $\mathfrak{k}$ punktfremde orientierte Gerade, O ein Punkt auf $\mathfrak{g}$ und $\mathfrak{L}$ die zu $\mathfrak{g}$ normale Ebene durch O. Die Ebene $\mathfrak{L}$ sei so orientiert, daß ihre Orientierung zusammen mit der von $\mathfrak{g}$ die (willkürlich gewählte) Orientierung des $\mathfrak{R}^3$ ergibt. Die Normalprojektion von $\mathfrak{k}$ auf die Ebene $\mathfrak{L}$ ist eine stetige orientierte Kurve $\mathfrak{k}^*$, welche zu O fremd ist. Unter der *Windungszahl* $\omega(\mathfrak{k})$ von $\mathfrak{k}$ um die Gerade $\mathfrak{g}$ verstehen wir die durch 2π dividierte Gesamtänderung des Winkels, den der Halbstrahl von O nach einem Punkte P von $\mathfrak{k}^*$ mit einer festen Richtung der Ebene $\mathfrak{L}$ (gemessen im Sinne der

---

[1] Vgl. Kerékjártó [2] S. 94.

Orientierung von $\mathfrak{L}$) bildet, wenn P die Kurve $\mathfrak{f}^*$ im Sinne ihrer Orientierung einmal durchläuft.

Sind $\mathfrak{f}_1$ und $\mathfrak{f}_2$ zwei zu $\mathfrak{g}$ punktfremde orientierte Jordanbögen und stimmt der Endpunkt von $\mathfrak{f}_1$ mit dem Anfangspunkte von $\mathfrak{f}_2$ überein, so gilt

$$\omega\,(\mathfrak{f}_1 + \mathfrak{f}_2) = \omega\,(\mathfrak{f}_1) + \omega\,(\mathfrak{f}_2)\,.$$

Die Windungszahl einer 1-Sphäre ist stets eine ganze Zahl. Sie ist gleich der Schnittzahl der Geraden $\mathfrak{g}$ mit einem in die 1-Sphäre (nicht notwendig singularitätenfrei) eingespannten Flächenstück. Die Windungszahl einer 1-Sphäre bleibt daher bei orientierungs-

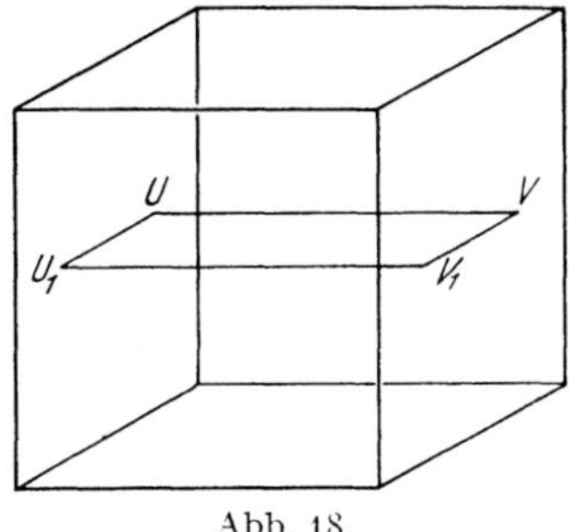

Abb. 18.

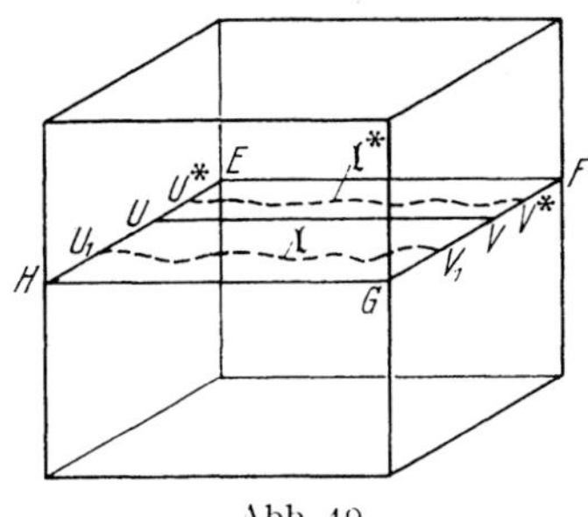

Abb. 19.

erhaltende s-Abbildungen des $\mathfrak{R}^3$, welche $\mathfrak{g}$ in sich überführen, ungeändert.

Es sei $\mathfrak{W}$ ein Würfel und $\mathfrak{r} = U_1 V_1 V U$ ein in $\mathfrak{W}$ liegendes zu einer Seite von $\mathfrak{W}$ paralleles Rechteck; dabei sollen die Seiten $U_1 U$ und $V_1 V$ von $\mathfrak{r}$ auf dem Rande $\mathfrak{S}^2$ von $\mathfrak{W}$ und alle anderen Punkte von $\mathfrak{r}$ im Innern von $\mathfrak{W}$ liegen (Abb. 18).

Hilfssatz I. *Es sei $\mathfrak{F}$ ein Elementarflächenstück, dessen Rand aus den Strecken $U_1 U$, $U V$, $V V_1$ und einem von V_1 nach U_1 führenden 1-Element $\mathfrak{l}$ besteht und das abgesehen von den Strecken $U_1 U$ und $V_1 V$ im Innern von $\mathfrak{W}$ liegt. Ist dann die Windungszahl von $\mathfrak{l}$ um die Gerade $U V$ gleich Null, so gibt es eine s-Abbildung von $\mathfrak{W}$ auf sich, die $\mathfrak{F}$ in das Rechteck $\mathfrak{r}$ überführt und auf dem Rande $\mathfrak{S}^2$ von $\mathfrak{W}$ die Identität ist.*

Wir führen den Beweis in vier Schritten.

1. Schritt. Die Ebene des Rechtecks $\mathfrak{r}$ schneidet $\mathfrak{W}$ in einem Quadrat $EFGH$ (Abb. 19). Wir zeigen, daß man an das Flächenstück $\mathfrak{F}$ längs der Strecke $U V$ ein Flächenstück $\mathfrak{F}^*$ ansetzen kann, das mit $\mathfrak{F}$ nur die Strecke $U V$ zum Durchschnitt hat. Dabei soll der Rand von $\mathfrak{F}^*$ aus $U V$, zwei auf $U E$ bzw. $V F$ liegenden

Strecken UU^* bzw. VV^* und einem von U^* nach V^* führenden (im allgemeinen nicht in der Ebene $EFGH$ liegenden) 1-Element $\mathfrak{l}^*$ bestehen und $\mathfrak{F}^*$ soll abgesehen von den Strecken UU^* und VV^* im Innern von $\mathfrak{W}$ liegen (Abb. 19).

Durch zweimalige Anwendung von § 4 Beispiel zu Satz II (S. 17) erhalten wir eine s-Abbildung φ von $\mathfrak{W}$ auf sich, die auf $\mathfrak{S}^2$ die Identität ist, so daß das Bildflächenstück $\varphi(\mathfrak{F})$ mit zwei Dreiecken $(U_1 UX)$ und $(V_1 VY)$ an die Strecken $U_1 U$ und $V_1 V$ stößt, wobei X und Y zwei Punkte der Strecke UV sind (Abb. 20). Dabei geht die Strecke UV in ein 1-Element mit den Randpunkten U und V über. Wir wählen auf der Strecke UE bzw. VF einen Punkt U^*

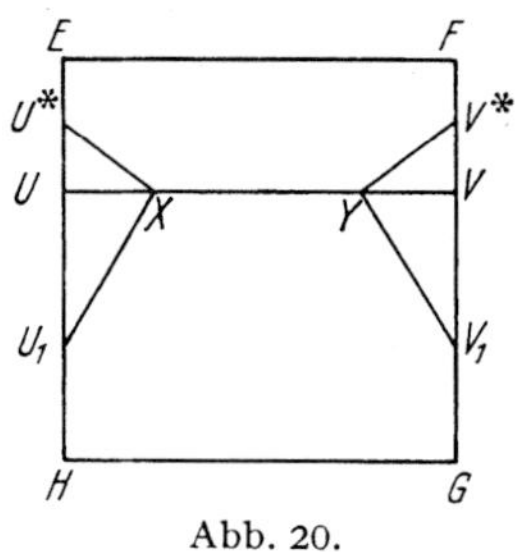

Abb. 20.

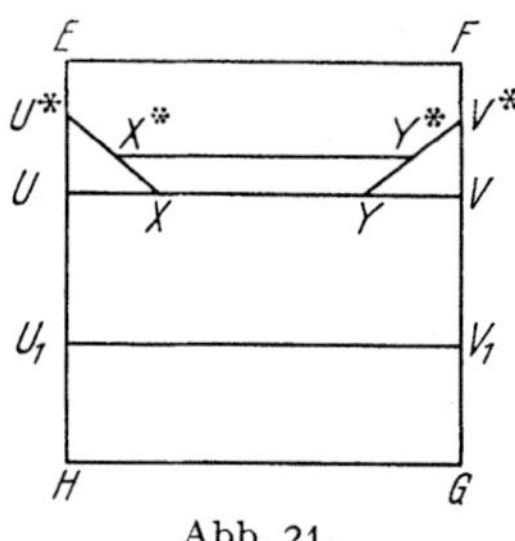

Abb. 21.

bzw. V^* so nahe an U bzw. V, daß die Dreiecke (UU^*X) und (VV^*Y) mit dem Flächenstück $\varphi(\mathfrak{F})$ nur die Strecke UX bzw. VY gemeinsam haben. Nach § 4 Satz III gibt es eine s-Abbildung ψ des $\mathfrak{R}^3$, die das Flächenstück $\varphi(\mathfrak{F}) + (UU^*X) + (VV^*Y)$ so in das Flächenstück $U_1 UVV_1 + (UU^*X) + (VV^*Y)$ überführt, daß die Dreiecke (UU^*X) und (VV^*Y) punktweise festbleiben. Dabei geht der Rand $\mathfrak{S}^2$ von $\mathfrak{W}$ in eine 2-Sphäre $\psi(\mathfrak{S}^2)$ über. Da die Strecke XY im Innern von $\psi(\mathfrak{S}^2)$ liegt, können wir auf XU^* bzw. YV^* zwei Punkte X^* bzw. Y^* so nahe an X bzw. Y wählen, daß das Trapez XX^*Y^*Y auch noch im Innern von $\psi(\mathfrak{S}^2)$ liegt. Setzen wir $\mathfrak{G}^* = (UU^*X) + (VV^*Y) + XX^*Y^*Y$ (Abb. 21), so ist $\varphi^{-1}\psi^{-1}(\mathfrak{G}^*)$ das verlangte Flächenstück $\mathfrak{F}^*$.

2. Schritt. Es sei $\mathfrak{P}$ ein quadratisches Prisma mit UV als Achse, welches so schmal ist, daß sein Mantel $\mathfrak{R}$ sowohl $\mathfrak{F}$ als auch $\mathfrak{F}^*$ in einem 1-Element $\mathfrak{f}$ bzw. $\mathfrak{f}^*$ schneidet. Dies ist immer möglich, denn ist Z eine simpliziale Zerlegung von $\mathfrak{F} + \mathfrak{F}^*$, so brauchen wir $\mathfrak{P}$ offenbar nur so schmal zu wählen, daß es nur mit solchen Simplexen Punkte gemeinsam hat, die an die Strecke UV stoßen. $\mathfrak{f}^*$ schneidet von $\mathfrak{F}^*$ ein Elementarflächenstück $\mathfrak{F}_1^*$ ab, das in $\mathfrak{P}$ liegt. Wir zeigen, daß die Schnittzahl von $\mathfrak{f}^*$ mit jeder zu PQ

parallelen Mantellinie von $\mathfrak{P}$ Null ist. Sind A und B die Randpunkte von $\mathfrak{k}$, so schneidet $\mathfrak{k}$ von $\mathfrak{F}$ ein Elementarflächenstück $\mathfrak{H}$ ab, das von der 1-Sphäre $U_1 A + \mathfrak{k} + B V_1 + \mathfrak{l}$ berandet wird. Die Windungszahl dieser 1-Sphäre um UV ist gleich der Schnittzahl des Flächenstückes $\mathfrak{H}$ mit der (zu $\mathfrak{H}$ fremden) Geraden UV, also gleich Null,

$$\omega(U_1 A + \mathfrak{k} + B V_1 + \mathfrak{l}) = 0. \tag{1}$$

Nach Voraussetzung gilt

$$\omega(\mathfrak{l}) = 0. \tag{2}$$

Aus (1) und (2) folgt

$$\omega(U_1 A + \mathfrak{k} + B V_1) = \omega(\mathfrak{k}) = 0. \tag{3}$$

Aus (3) folgt, wenn $\mathfrak{a}$ eine zu UV parallele Mantellinie von $\mathfrak{P}$ und S die Schnittzahl bezeichnet,

$$S(\mathfrak{k}, \mathfrak{a}) = 0. \tag{4}$$

Sind A^* und B^* die Randpunkte von $\mathfrak{k}^*$, so verbinden wir die Punkte A und A^* durch ein auf $\mathfrak{R}$ liegendes zu $\mathfrak{a}$ fremdes 1-Element $\mathfrak{a}^*$, das aus drei zu den Kanten von $\mathfrak{W}$ parallelen Strecken besteht. Hat $\mathfrak{b}^*$ entsprechende Bedeutung für B und B^*, so ist $\mathfrak{a}^* + \mathfrak{k}^* + \mathfrak{b}^*$ ein 1-Element auf $\mathfrak{R}$, das mit $\mathfrak{k}$ genau seine Randpunkte A und B zum Durchschnitt hat. Daher gilt

$$S(\mathfrak{a}^* + \mathfrak{k}^* + \mathfrak{b}^*, \mathfrak{a}) = S(\mathfrak{k}, \mathfrak{a}). \tag{5}$$

Aus (4) und (5) folgt, da $\mathfrak{a}^*$ und $\mathfrak{b}^*$ zu $\mathfrak{a}$ fremd sind,

$$S(\mathfrak{k}^*, \mathfrak{a}) = 0. \tag{6}$$

3. Schritt. Es bezeichne $\mathfrak{W}$ den Vollring, der durch Herausbohren des Prismas $\mathfrak{P}$ aus $\mathfrak{W}$ entsteht. Wir zeigen, daß sich in die 1-Sphäre $\mathfrak{k}^* + A^* E + EF + F B^*$ ein Elementarflächenstück $\mathfrak{F}_2^*$ einspannen läßt, das abgesehen von seinem Rande im Innern von $\mathfrak{W}$ liegt. Fällt $\mathfrak{k}^*$ mit der Strecke $A^* B^*$ zusammen, so können wir für $\mathfrak{F}_2^*$ das Rechteck $A^* EF B^*$ nehmen. Andernfalls beachten wir, daß $\mathfrak{k}^*$ wegen (6) und § 7 Beispiel II (S. 41) auf $\mathfrak{R}$ zu $A^* B^*$ kombinatorisch isotop ist. Daraus folgt nach § 7 Beispiel I (S. 40) die Existenz des Flächenstückes $\mathfrak{F}_2^*$.

4. Schritt. a) Ist $\mathfrak{F}_2^*$ zu $\mathfrak{F}$ fremd, so ist $\mathfrak{F} + \mathfrak{F}_1^* + \mathfrak{F}_2^*$ wieder ein Elementarflächenstück. Nach § 4 Beispiel zu Satz II (S. 17) gibt es dann eine s-Abbildung φ von $\mathfrak{W}$ auf sich, die $\mathfrak{F} + \mathfrak{F}_1^* + \mathfrak{F}_2^*$ in das Rechteck $U_1 E F V_1$ überführt und auf $\mathfrak{S}^2$ die Identität ist. Dabei geht $U V$ zunächst in irgendeinen von U nach V führenden Querschnitt des Rechtecks über. Nach § 2 Satz II (S. 7) gibt es eine s-Abbildung von $U_1 E F V_1$ auf sich, die diesen Querschnitt in die Strecke $U V$ überführt und auf dem Rande die Identität ist. Diese kann man offenbar zu einer s-Abbildung ψ von $\mathfrak{W}$ auf sich ergänzen, welche auf $\mathfrak{S}^2$ die Identität ist. Dann ist $\psi\varphi$ die verlangte Abbildung.

b) Ist $\mathfrak{F}_2^*$ zu $\mathfrak{F}_2$ nicht fremd, so beachten wir, daß $\mathfrak{F}_2^*$ jedenfalls zum 1-Element $U_1 U + U V + V V_1$ fremd ist. Wir können daher einen von U_1 nach V_1 führenden Querschnitt $\mathfrak{q}$ von $\mathfrak{F}$ so nahe an diesem 1-Element wählen, daß der Teil $\mathfrak{F}_1$ von $\mathfrak{F}$, der von der 1-Sphäre $U_1 U + U V + V V_1 + \mathfrak{q}$ berandet wird, zu $\mathfrak{F}_2^*$ fremd ist. Nach § 3 Beispiel IV (S. 12) gibt es eine s-Abbildung φ_1 von $\mathfrak{W}$ auf sich, die $\mathfrak{F}$ in $\mathfrak{F}_1$ überführt und auf $\mathfrak{S}^2$ die Identität ist. Nach a gibt es weiter eine s-Abbildung χ von $\mathfrak{W}$ auf sich, die $\mathfrak{F}_1$ in $U_1 U V V_1$ überführt. Dann ist $\chi\varphi_1$ die verlangte s-Abbildung. Damit ist Hilfssatz I bewiesen.

Hilfssatz II. *$U_1 U V V_1$ und $U_2 U V V_2$ seien zwei in einer Ebene liegende Rechtecke die längs der Strecke $U V$ aneinanderstoßen und abgesehen von den Strecken $U_1 U$, $V_1 V$, $U_2 U$, $V_2 V$ im Innern des Würfels $\mathfrak{W}$ liegen. $\mathfrak{F}_1$ (bzw. $\mathfrak{F}_2$) sei ein Elementarflächenstück, dessen Rand aus $U_1 U + U V + V V_1$ (bzw. $U_2 U + U V + V V_2$) und einem von U_1 (bzw. U_2) nach V_1 (bzw. V_2) führenden 1-Element $\mathfrak{l}_1$ (bzw. $\mathfrak{l}_2$) besteht. $\mathfrak{F}_1$ habe mit $\mathfrak{F}_2$ nur die Strecke $U V$ gemeinsam. Dann gibt es eine s-Abbildung des $\mathfrak{R}^3$, die $\mathfrak{W}$ als ganzes in sich und $\mathfrak{F}_1 + \mathfrak{F}_2$ in das Rechteck $U_1 U_2 V_1 V_2$ überführt. Ist überdies die Windungszahl von $\mathfrak{l}_1$ um $U V$ gleich Null, so kann man annehmen, daß die Abbildung außerhalb $\mathfrak{W}$ die Identität ist.*

Beweis. a) Ist die Windungszahl $\omega(\mathfrak{l}_1)$ gleich Null, so gibt es nach Hilfssatz I eine s-Abbildung φ_1 von $\mathfrak{W}$ auf sich, die $\mathfrak{F}_1$ in $U_1 U V V_1$ überführt und auf dem Rande $\mathfrak{S}^2$ von $\mathfrak{W}$ die Identität ist. Dabei geht $\mathfrak{F}_2$ in ein Flächenstück $\mathfrak{F}_2'$ über, das von den Strecken $U_2 U$, $U V$, $V V_2$ und dem 1-Element $\varphi_1(\mathfrak{l}_2)$ berandet wird. Das 1-Element $\varphi_1(\mathfrak{l}_2)$ hat, da es zum Rechteck $U_1 U V V_1$ fremd ist, um $U V$ und damit um $U_1 V_1$ die Windungszahl Null. Nach Hilfssatz I gibt es daher eine s-Abbildung φ_2 von $\mathfrak{W}$ auf sich, die das Flächenstück $U_1 U V V_1 + \mathfrak{F}_2'$ in das Rechteck $U_1 U_2 V_1 V_2$ überführt und auf $\mathfrak{S}^2$ die Identität ist. Die Abbildung $\varphi_2\varphi_1$ ergänzen wir zu einer s-Abbildung des $\Re^3$, indem wir alle Punkte außerhalb $\mathfrak{W}$ festlassen. Diese ist die verlangte.

b) Ist $\omega(\mathfrak{l}_1)$ von Null verschieden, so verbinden wir U_1 und V_1 durch zwei auf $\mathfrak{S}^2$ liegende von V_1 nach U_1 orientierte 1-Elemente $\mathfrak{u}_1$ und $\mathfrak{u}_1'$, die mit den Strecken $U_1 U_2$ und $V_1 V_2$ nur die Punkte U_1 und U_2 zum Durchschnitt haben, und deren Windungszahl um UV gleich $-\omega(\mathfrak{l}_1)$ bzw. Null ist. Es gibt eine s-Abbildung χ von $\mathfrak{S}^2$ auf sich, die $\mathfrak{u}_1$ in $\mathfrak{u}_1'$ überführt. Dies folgt aus § 2 Satz I (S. 7), da sich $\mathfrak{u}_1$ und $\mathfrak{u}_1'$ offenbar zu zwei Rückkehrschnitten von $\mathfrak{S}^2$ ergänzen lassen. Von der Abbildung χ können wir annehmen, daß sie auf $U_1 U_2$ und $V_1 V_2$ die Identität ist. Wir ergänzen die Abbildung χ zu einer Abbildung φ_1 des $\Re^3$, indem wir die vom Mittelpunkt der Strecke UV ausgehenden Halbgeraden affin aufeinander abbilden. Dabei gehen $\mathfrak{F}_1$ und $\mathfrak{F}_2$ in zwei Flächenstücke $\mathfrak{F}_1'$ und $\mathfrak{F}_2'$ über, die von den Strecken $U_1 U$, UV, VV_1 und einem 1-Element $\mathfrak{l}_1'$ bzw. von den Strecken $U_2 U$, UV, VV_2 und einem 1-Element $\mathfrak{l}_2'$ begrenzt werden. Da sich die Windungszahl einer 1-Sphäre bei s-Abbildungen des $\Re^3$ nicht ändert, gilt

$$\omega(\mathfrak{l}_1' + \mathfrak{u}_1') = \omega(\mathfrak{l}_1 + \mathfrak{u}_1). \tag{1}$$

Nach Wahl von $\mathfrak{u}_1$ und $\mathfrak{u}_1'$ ist

$$\omega(\mathfrak{l}_1 + \mathfrak{u}_1) = \omega(\mathfrak{l}_1) + \omega(\mathfrak{u}_1) = 0 \tag{2}$$

und

$$\omega(\mathfrak{l}_1' + \mathfrak{u}_1') = \omega(\mathfrak{l}_1'). \tag{3}$$

Aus (3), (1) und (2) folgt

$$\omega(\mathfrak{l}_1') = 0.$$

Nach a gibt es daher eine s-Abbildung φ des $\Re^3$, die $\mathfrak{F}_1' + \mathfrak{F}_2'$ in das Rechteck $U_1 U_2 V_2 V_1$ überführt und auf $\mathfrak{S}^2$ die Identität ist. Dann ist $\varphi \varphi_1$ die verlangte Abbildung.

Hilfssatz III. *Es seien $\widetilde{\mathfrak{F}}_1$ und $\widetilde{\mathfrak{F}}_2$ zwei weitere Elementarflächenstücke, die von den Strecken $U_1 U$, UV, VV_1 (bzw. $U_2 U$, UV, VV_2) und einem 1-Element $\widetilde{\mathfrak{l}}_1$ (bzw. $\widetilde{\mathfrak{l}}_2$) berandet werden und die nur die Strecke UV gemeinsam haben. Sind dann die Windungszahlen $\omega(\widetilde{\mathfrak{l}}_1)$ und $\omega(\mathfrak{l}_1)$ gleich, so gibt es eine s-Abbildung von $\mathfrak{W}$ auf sich, die $\mathfrak{F}_1 + \mathfrak{F}_2$ in $\widetilde{\mathfrak{F}}_1 + \widetilde{\mathfrak{F}}_2$ überführt und auf dem Rande von $\mathfrak{W}$ die Identität ist.*

Anstatt die Gleichheit der Windungszahlen vorauszusetzen, kann man auch die 1-Elemente $\mathfrak{l}_1$ und $\mathfrak{l}_2$ (und damit auch $\tilde{\mathfrak{l}}_1$ und $\tilde{\mathfrak{l}}_2$) durch je drei zu den Kanten von $\mathfrak{W}$ parallele Strecken auf dem Rande von $\mathfrak{W}$ zu zwei punktfremden 1-Sphären $\mathfrak{s}_1$ und $\mathfrak{s}_2$ (bzw. $\tilde{\mathfrak{s}}_1$ und $\tilde{\mathfrak{s}}_2$) schließen und voraussetzen, daß die Verschlingungszahlen $V(\mathfrak{s}_1, \mathfrak{s}_2)$ und $V(\tilde{\mathfrak{s}}_1 \tilde{\mathfrak{s}}_2)$ gleich sind.

Beweis. Wir verbinden die Punkte V_1 und U_1 auf dem Rande von $\mathfrak{W}$ durch ein 1-Element $\mathfrak{p}$. Nach Hilfssatz II gibt es eine s-Abbildung φ des $\mathfrak{R}^3$, die $\mathfrak{W}$ in sich und $\mathfrak{F}_1 + \mathfrak{F}_2$ in das Rechteck $U_1 U_2 V_1 V_2$ überführt. Wir können annehmen, daß die Gerade UV in sich übergeht. $\mathfrak{F}_1$ und $\tilde{\mathfrak{F}}_2$ gehen in zwei Flächenstücke $\tilde{\mathfrak{F}}_1'$ und $\tilde{\mathfrak{F}}_2'$ und die 1-Elemente $\tilde{\mathfrak{l}}_1$, $\tilde{\mathfrak{l}}_2$, $\mathfrak{p}$ in drei 1-Elemente $\tilde{\mathfrak{l}}_1'$, $\tilde{\mathfrak{l}}_2'$, $\mathfrak{p}'$ über. Da sich die Windungszahl einer 1-Sphäre bei s-Abbildungen des $\mathfrak{R}^3$ nicht ändert, gilt

$$\omega(\mathfrak{l}_1 + \mathfrak{p}) = \omega(U_1 V_1 + \mathfrak{p}') \tag{1}$$

und

$$\omega(\tilde{\mathfrak{l}}_1 + \mathfrak{p}) = \omega(\tilde{\mathfrak{l}}_1' + \mathfrak{p}'). \tag{2}$$

Nach Voraussetzung ist

$$\omega(\mathfrak{l}_1) = \omega(\tilde{\mathfrak{l}}_1). \tag{3}$$

Aus (2), (3) und (1) folgt

$$\omega(\tilde{\mathfrak{l}}_1' + \mathfrak{p}') = \omega(U_1 V_1 + \mathfrak{p}')$$

und daher

$$\omega(\tilde{\mathfrak{l}}_1') = \omega(U_1 V_1) = 0.$$

Nach Hilfssatz II gibt es daher eine s-Abbildung ψ von $\mathfrak{W}$ auf sich, die $\tilde{\mathfrak{F}}_1' + \tilde{\mathfrak{F}}_2'$ in $U_1 U_2 V_2 V_1$ überführt und auf dem Rande von $\mathfrak{W}$ die Identität ist. Dann ist $\varphi^{-1} \psi \varphi$ die verlangte Abbildung.

Schließen wir $\mathfrak{l}_1$ und $\mathfrak{l}_2$ durch je drei zu den Kanten von $\mathfrak{W}$ parallele Strecken auf dem Rande von $\mathfrak{W}$ zu zwei punktfremden 1-Sphären $\mathfrak{s}_1$ und $\mathfrak{s}_2$, so ist die Windungszahl $\omega(\mathfrak{l}_1)$ gleich der Verschlingungszahl $V(\mathfrak{s}_1, \mathfrak{s}_2)$.

§ 9. Isotope Deformation von topologischen Selbstabbildungen der Ebene.

Es sei $\mathfrak{M}$ eine Punktmenge des $\mathfrak{R}^n$ und φ eine topologische Abbildung von $\mathfrak{M}$ in den $\mathfrak{R}^n$. Unter einer *isotopen Deformation* $\{\varphi_t\}$ der Abbildung φ versteht man bekanntlich eine Schar von topologischen Abbildungen $\{\varphi_t\}$ $(a \leq t \leq b)$ von $\mathfrak{M}$ in den $\mathfrak{R}^n$ mit folgenden Eigenschaften:

1. φ_a ist die Abbildung φ,

2. φ_t ist auf dem topologischen Produkt der Menge $\mathfrak{M}$ mit der Strecke $a \leq t \leq b$ stetig.

t heißt der *Deformationsparameter*. Ist die Entfernung der Punkte $\varphi(P)$ und $\varphi_t(P)$ für alle $P \in \mathfrak{M}$ und alle t des Intervalles $a \leq t \leq b$ kleiner als eine Zahl ε, so heißt $\{\varphi_t\}$ eine isotope ε-Deformation. Gilt für einen bestimmten Punkt $P \in \mathfrak{M}$

$$\varphi_t(P) = \varphi(P) \qquad (a \leq t \leq b),$$

so sagen wir, die Deformation $\{\varphi_t\}$ läßt die Abbildung φ im Punkte P fest. Ist die Deformation $\{\varphi_t\}$ für alle t eine topologische Abbildung der Menge $\mathfrak{M}$ in sich und ist φ_a die Identität, so nennen wir $\{\varphi_t\}$ eine isotope Deformation *der Menge $\mathfrak{M}$ in sich*.

Unser Ziel ist zu zeigen, daß man jede topologische Abbildung der Ebene auf sich durch eine isotope ε-Deformation (bei beliebig kleinem ε) in eine s-Abbildung überführen kann. Dazu benötigen wir einige Hilfssätze.

Tietze-Alexanderscher Deformationssatz. *Eine topologische Abbildung einer Kreisscheibe $\mathfrak{R}$ auf sich, die auf dem Rande von $\mathfrak{R}$ die Identität ist, ist isotop in die Identität deformierbar. Dabei läßt die Deformation den Rand von $\mathfrak{R}$ punktweise fest. Führt die Abbildung φ den Mittelpunkt M von $\mathfrak{R}$ in sich über, so kann man annehmen, daß M auch bei der Deformation festbleibt*[1].

Der Satz bleibt richtig, wenn man $\mathfrak{R}$ durch das abgeschlossene Innere einer ebenen Jordankurve $\mathfrak{a}$ und den Punkt M durch einen beliebigen Punkt im Innern von $\mathfrak{a}$ ersetzt. Denn das abgeschlossene Innere von $\mathfrak{a}$ ist zu einer Kreisscheibe homöomorph[2].

Hilfssatz I. *Es sei $\mathfrak{F}$ das abgeschlossene Innere einer Jordankurve $\mathfrak{a}$ und $\mathfrak{q}$ und $\mathfrak{q}'$ seien zwei Querschnitte*[3] *von $\mathfrak{F}$ mit gemeinsamen*

---

[1] Beweis s. Klein [3] S. 348, 349.

[2] Siehe Kerékjártó [2] S. 69.

[3] Unter einem Querschnitt eines Flächenstückes verstehen wir in diesem Paragraphen einen *Jordanbogen*, der bis auf seine Endpunkte im Innern des Flächenstückes liegt.

Randpunkten A und B. Dann gibt es eine isotope Deformation von $\mathfrak{F}$ in sich, welche $\mathfrak{q}$ in $\mathfrak{q}'$ überführt und $\mathfrak{a}$ punktweise festläßt. Ist M ein gemeinsamer Punkt von $\mathfrak{q}$ und $\mathfrak{q}'$, so können wir annehmen, daß M bei der Deformation festbleibt.

Beweis. $\mathfrak{a}_1$ und $\mathfrak{a}_2$ seien die beiden Bögen, in die $\mathfrak{a}$ durch die Punkte A und B zerlegt wird und $\mathfrak{F}_1$ und $\mathfrak{F}_2$ (bzw. $\mathfrak{F}_1'$ und $\mathfrak{F}_2'$) die beiden Flächenstücke, in die $\mathfrak{F}$ durch $\mathfrak{q}$ (bzw. $\mathfrak{q}'$) zerlegt wird. Das Flächenstück $\mathfrak{F}_1$ (bzw. $\mathfrak{F}_1'$) wird von der Jordankurve $\mathfrak{a}_1 + \mathfrak{q}$ (bzw. $\mathfrak{a}_1 + \mathfrak{q}'$) berandet. Es sei τ_1 eine topologische Abbildung von $\mathfrak{F}_1$ auf $\mathfrak{F}_1'$. Von dieser können wir annehmen, daß sie auf $\mathfrak{a}_1$ die Identität ist. Ebenso sei τ_2 eine topologische Abbildung von $\mathfrak{F}_2$ auf $\mathfrak{F}_2'$; wir können annehmen, daß τ_2 auf $\mathfrak{a}_2$ die Identität ist und auf $\mathfrak{q}$ mit τ_1 übereinstimmt. Dann ist

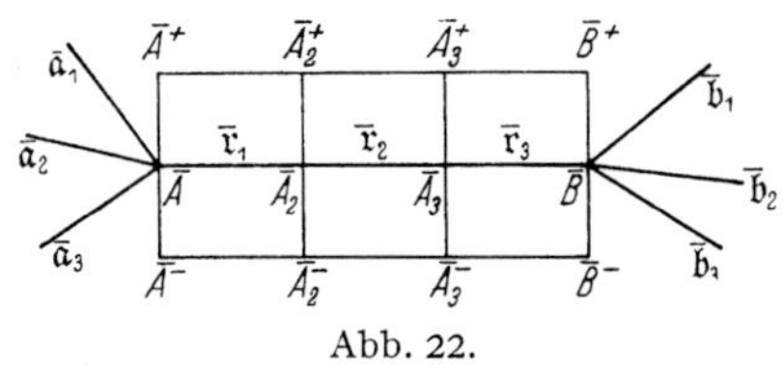

Abb. 22.

$$\tau = \begin{cases} \tau_1 \text{ in } \mathfrak{F}_1 \\ \tau_2 \text{ in } \mathfrak{F}_2 \end{cases}$$

eine topologische Abbildung von $\mathfrak{F}$ auf sich, welche $\mathfrak{q}$ in $\mathfrak{q}'$ überführt und auf $\mathfrak{a}$ die Identität ist. Diese ist nach dem Tietze-Alexanderschen Deformationssatz isotop in die Identität deformierbar.

Ist M ein gemeinsamer Punkt von $\mathfrak{q}$ und $\mathfrak{q}'$, so können wir die Abbildung τ und daher auch die Deformation so wählen, daß M festbleibt.

Hilfssatz II. *Es sei $\overline{A}\,\overline{B}$ eine Strecke und φ eine topologische Abbildung der Ebene auf sich. Dann gibt es eine isotope ε-Deformation der Abbildung φ, so daß die Endabbildung auf $\overline{A}\,\overline{B}$ semilinear ist. Dabei kann man annehmen, daß die Abbildung φ außerhalb einer beliebig kleinen Umgebung von $\overline{A}\,\overline{B}$ festbleibt.*

Sind überdies $\overline{\mathfrak{a}}_1 \ldots \overline{\mathfrak{a}}_r,\ \overline{\mathfrak{b}}_1 \ldots \overline{\mathfrak{b}}_s$ endlich viele von $\overline{A}$ bzw. $\overline{B}$ ausgehende Strecken, die mit $\overline{A}\,\overline{B}$ nur den Punkt $\overline{A}$ bzw. $\overline{B}$ zum Durchschnitt haben und ist φ auf $\overline{\mathfrak{a}}_\varrho$ und $\overline{\mathfrak{b}}_\sigma$ ($\varrho = 1 \ldots r$, $\sigma = 1 \ldots s$) affin, so kann man annehmen, daß die Abbildung φ auf diesen Strecken festbleibt.

Beweis. a) Wir nehmen zunächst an, daß die Strecken $\overline{\mathfrak{a}}_\varrho$ und $\overline{\mathfrak{b}}_\sigma$ mit der Strecke $\overline{A}\,\overline{B}$ stumpfe Winkel bilden (Abb. 22). $\overline{\mathfrak{r}} = \overline{A}^- \overline{B}^- \overline{B}^+ \overline{A}^+$ sei ein Rechteck, dessen Seiten parallel bzw.

normal zu $\bar{A}\bar{B}$ sind und das $\bar{A}\bar{B}$ als Querschnitt hat. Wir teilen die Strecke $\bar{A}\bar{B}$ in gleichlange Intervalle $\bar{A}_\nu \bar{A}_{\nu-1}$ ($\nu = 1 \ldots n$, $\bar{A}_1 = \bar{A}$, $\bar{A}_n = \bar{B}$). $\bar{A}_\nu^-$ und $\bar{A}_\nu^+$ seien die entsprechenden Teilungspunkte auf $\bar{A}^-\bar{B}^-$ bzw. $\bar{A}^+\bar{B}^+$. Durch die Strecken $\bar{A}_\nu^-\bar{A}_\nu^-$ wird $\bar{\mathfrak{r}}$ in $n-1$ Rechtecke $\bar{\mathfrak{r}}_\nu$ geteilt (Abb. 22). Die Abbildung φ führt die Strecken $\bar{A}\bar{B}$, $\bar{A}^-\bar{B}^-$, $\bar{A}^+\bar{B}^+$, $\bar{A}_\nu\bar{A}_{\nu+1}$ in Jordanbögen $\mathfrak{f}$, $\mathfrak{f}^-$, $\mathfrak{f}^+$, $\mathfrak{f}_\nu$, die Strecken $\bar{\mathfrak{a}}_\varrho$ und $\bar{\mathfrak{b}}_\sigma$ in Strecken $\mathfrak{a}_\varrho$ und $\mathfrak{b}_\sigma$ und die Rechtecke $\bar{\mathfrak{r}}$, $\bar{\mathfrak{r}}_\nu$ in Flächenstücke $\mathfrak{r}$, $\mathfrak{r}_\nu$ über. Das Rechteck $\bar{\mathfrak{r}}$ sei so schmal und die Zahl n so groß gewählt, daß die Durchmesser der Flächenstücke $\mathfrak{r}_\nu$

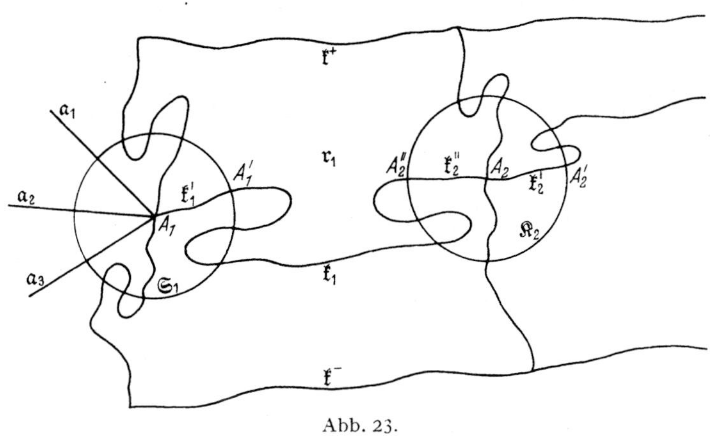

Abb. 23.

alle kleiner als $\varepsilon/7$ sind. Bezeichnen A_ν die Bildpunkte der $\bar{A}_\nu$ ($\nu = 1 \ldots n$), so wählen wir um jeden Punkt A_ν ($\nu = 2 \ldots n-1$) eine so kleine Kreisscheibe $\mathfrak{K}_\nu$, daß $\mathfrak{K}_\nu$ im Innern von $\mathfrak{r}$ liegt und daß je zwei $\mathfrak{K}_\nu$ punktfremd sind. Um A_1 und A_n wählen wir zwei Kreisscheiben $\mathfrak{K}_1$ und $\mathfrak{K}_n$ so, daß sie zu $\mathfrak{f}^-$ und $\mathfrak{f}^+$ und zu $\mathfrak{K}_2 \ldots \mathfrak{K}_{n-1}$ fremd sind. Es bezeichne A_ν' ($\nu = 1 \ldots n-1$) den ersten Schnittpunkt des Bogens $\mathfrak{f}_\nu$ mit dem Rande von $\mathfrak{K}_\nu$ und A_ν'' ($\nu = 2 \ldots n$) den ersten Schnittpunkt des Bogens $\mathfrak{f}_{\nu-1}$ mit dem Rande von $\mathfrak{K}_\nu$ (immer von A_ν aus gerechnet, Abb. 23). $\mathfrak{f}_\nu'$ bzw. $\mathfrak{f}_\nu''$ sei der Bogen von $\mathfrak{f}_\nu$ bzw. $\mathfrak{f}_{\nu-1}$, der von den Punkten A_ν und A_ν' (bzw. A_ν und A_ν'') begrenzt wird.

Zu den Kreisen $\mathfrak{K}_\nu$ ($\nu = 2 \ldots n-1$) gibt es nach Hilfssatz I je eine isotope Deformation $\{\psi_{\nu,t}\}$ ($1 \leq t \leq 2$) von $\mathfrak{K}_\nu$ in sich, die den Querschnitt $\mathfrak{f}_\nu' + \mathfrak{f}_\nu''$ in den Querschnitt $A_\nu'A_\nu + A_\nu''A_\nu$ überführt und auf dem Rande von $\mathfrak{K}_\nu$ die Identität ist. Aus dem Kreise $\mathfrak{K}_1$ schneiden wir mittels zweier passend gewählter der Strecken $\mathfrak{a}_\varrho$ einen Sektor $\mathfrak{S}_1$ aus, so daß A_1' auf dem zu $\mathfrak{S}_1$ gehörigen Bogen liegt und die übrigen $(r-2)$ Strecken $\mathfrak{a}_\varrho$ nicht zu $\mathfrak{S}_1$ gehören[1]. Dann ist der Bogen $\mathfrak{f}_1'$ ein Querschnitt von $\mathfrak{S}_1$. Nach Hilfssatz I gibt es eine isotope Deformation $\{\psi_{1,t}\}\,(0\leq t\leq 1)$ von $\mathfrak{S}_1$ in sich, welche $\mathfrak{f}_1'$ in die Strecke $A_1 A_1'$ überführt und auf dem Rande von $\mathfrak{S}_1$ die Identität ist. Entsprechend erhalten wir zum Kreise $\mathfrak{K}_n$ einen Sektor $\mathfrak{S}_n$ und eine Deformation $\{\psi_{n,t}\}$. Die Deformationen $\{\psi_{\nu,t}\}\,(\nu=1\ldots n)$ ergänzen wir zu einer isotopen Deformation $\{\psi_t\}\,(0\leq t\leq 1)$ der ganzen Ebene, indem wir alle Punkte, die nicht zu $\mathfrak{S}_1,\mathfrak{K}_2\ldots\mathfrak{K}_{n-1}$, $\mathfrak{S}_n$ gehören, festlassen. Die Deformation $\{\psi_t\}$ ist auf den Strecken $\mathfrak{a}_\varrho$ und $\mathfrak{b}_\sigma$ wegen a die Identität und führt das Flächenstück $\mathfrak{r}_\nu\,(\nu=1\ldots n-1)$ in ein Flächenstück $\mathfrak{s}_\nu$ und den Querschnitt $\mathfrak{f}_\nu$ von $\mathfrak{r}_\nu$ in einen Querschnitt $\mathfrak{l}_\nu$ von $\mathfrak{s}_\nu$ über; $\mathfrak{l}_\nu$ besteht aus den beiden Strecken $A_\nu A_\nu'$ und $A_{\nu+1}'' A_{\nu+1}$ und einem von A_ν' nach $A_{\nu+1}''$ führenden, im Innern von $\mathfrak{s}_\nu$ verlaufenden Jordanbogen. Wir ersetzen nun diesen Jordanbogen durch ein von A_ν' nach $A_{\nu+1}''$ führendes 1-Element[2], das zusammen mit den Strecken $A_\nu A_\nu'$ und $A_{\nu+1}'' A_{\nu+1}$ einen *simplizialen* Querschnitt[3] $\mathfrak{q}_\nu$ von $\mathfrak{s}_\nu$ ausmacht. Nach Hilfssatz I (S. 61) gibt es eine isotope Deformation $\{\chi_{\nu,t}\}\,(1\leq t\leq 2)$ von $\mathfrak{s}_\nu$ in sich, die den Querschnitt $\mathfrak{l}_\nu$ in den Querschnitt $\mathfrak{q}_\nu$ überführt und auf dem Rande von $\mathfrak{s}_\nu$ die Identität ist. Die Deformation $\{\chi_{\nu,t}\}\,(1\leq t\leq 2,\ \nu=1\ldots n-1)$, alle gleichzeitig angewendet, ergeben eine isotope Deformation des Flächenstückes $\mathfrak{s}_1+\mathfrak{s}_2+\cdots+\mathfrak{s}_{n-1}$ in sich. Diese ergänzen wir zu einer Deformation $\{\chi_t\}\,(1\leq t\leq 2)$ der ganzen Ebene, indem wir alle Punkte, die nicht zu $\mathfrak{s}_1+\mathfrak{s}_2+\cdots+\mathfrak{s}_{n-1}$ gehören, festlassen. $\{\chi_t\}$ ist auf den Strecken $\mathfrak{a}_\varrho$ und $\mathfrak{b}_\sigma$ die Identität, da diese mit dem Flächenstück $\mathfrak{s}_1+\mathfrak{s}_2+\cdots+\mathfrak{s}_{n-1}$ nur die Punkte A_1 bzw. A_n gemeinsam haben.

Setzen wir $\varphi_t=\psi_t\varphi\,(0\leq t\leq 1)$ und $\varphi_t=\chi_t\varphi_1\,(1\leq t\leq 2)$, so ist $\{\varphi_t\}\,(0\leq t\leq 2)$ eine isotope Deformation der Abbildung φ; die Endabbildung φ_2 führt $\overline{A}\,\overline{B}$ in ein 1-Element über.

Es bezeichne $\varphi_{\nu,2}$ die Abbildung, die von φ_2 in $\overline{\mathfrak{r}}_\nu$ induziert wird. Diese führt $\overline{\mathfrak{r}}_\nu$ in das Flächenstück $\mathfrak{s}_\nu$ und $\overline{A}_\nu \overline{A}_{\nu+1}$ in den Quer-

---

[1] Falls nur eine Strecke $\mathfrak{a}_1$ oder gar keine vorhanden ist, ändert sich das Verfahren nur unwesentlich. Ist z. B. gar kein $\mathfrak{a}_1$ vorhanden, so bezeichne S^+ bzw. S^- den ersten Schnittpunkt des Bildbogens von $\overline{A}_1 \overline{A}_1^+$ bzw. $\overline{A}_1 \overline{A}_1^-$ mit dem Rande von R_1. Die von A_1 und S^+ (bzw. A_1 und S^-) begrenzten Teile dieser Bildbögen bilden zusammen einen Querschnitt von $\mathfrak{K}_1$. Dieser teilt $\mathfrak{K}_1$ in zwei Flächenstücke. Man nehme nun für $\mathfrak{S}_1$ dasjenige von ihnen, das den Bogen $\mathfrak{f}_1'$ enthält.

[2] Definition s. S. 7.

[3] Das ist ein Querschnitt, der ein 1-Element ist.

schnitt q_ν über. Offenbar gibt es eine topologische Abbildung τ_ν von $\bar{\mathfrak{r}}_\nu$ auf $\mathfrak{F}_\nu$, die auf dem Rande von $\bar{\mathfrak{r}}_\nu$ mit $\varphi_{\nu,\,2}$ übereinstimmt und die Strecke $\bar{A}_\nu \bar{A}_{\nu+1}$ *semilinear* in das 1-Element q_ν überführt. Die Abbildung $\varphi_{\nu,\,2}$ läßt sich durch eine isotope Deformation $\{\varphi_{\nu,\,t}\}$ $(2 \leq t \leq 3)$, welche die Abbildung auf dem Rande von $\bar{\mathfrak{r}}_\nu$ festläßt, in die Abbildung τ_ν überführen; denn $\tau_\nu^{-1}\varphi_{\nu,\,2}$ ist als topologische Selbstabbildung von $\bar{\mathfrak{r}}_\nu$, die den Rand punktweise festläßt, nach dem TIETZE-ALEXANDERschen Satz (S. 61) isotop in die Identität deformierbar.

Die Deformationen $\{\varphi_{\nu,\,t}\}$ $(2 \leq t \leq 3,\ \nu = 1 \ldots n - 1)$ ergänzen wir zu einer Deformation $\{\varphi_t\}$ $(2 \leq t \leq 3)$ der ganzen Abbildung φ_2, indem wir φ_2 außerhalb des Rechteckes $\bar{\mathfrak{r}}$ festlassen. Dann ist $\{\varphi_t\}$ $(0 \leq t \leq 3)$ eine isotope Deformation der Abbildung φ in eine s-Abbildung. Dabei bleibt φ auf den Strecken $\bar{\mathfrak{a}}_\varrho$ und $\bar{\mathfrak{b}}_\sigma$ und außerhalb einer beliebig kleinen Umgebung von $\bar{A}\bar{B}$ fest.

Es ist noch zu zeigen, daß $\{\varphi_t\}$ $(0 \leq t \leq 3)$ eine ε-Deformation ist. Zunächst folgt, da der Radius jedes Kreises $\mathfrak{K}_\nu$ notwendig kleiner als $\varepsilon/7$ ist, daß $\{\varphi_t\}$ $(0 \leq t \leq 1)$ eine $2\varepsilon/7$-Deformation ist. Die Durchmesser der Flächenstücke $\mathfrak{F}_\nu$ sind daher alle kleiner als $5\varepsilon/7$. Daher ist $\{\varphi_t\}$ $(1 \leq t \leq 3)$ eine $5\varepsilon/7$-Deformation und damit $\{\varphi_t\}$ $(0 \leq t \leq 3)$ eine ε-Deformation.

b) Ist a nicht erfüllt, so nehmen wir zunächst an, daß die Strecken $\bar{\mathfrak{a}}_\varrho$ zu den $\bar{\mathfrak{b}}_\sigma$ punktfremd sind. Dann gibt es eine s-Abbildung χ der Ebene auf sich, die auf $\bar{A}\bar{B}$ die Identität ist und die Strecken $\bar{\mathfrak{a}}_\varrho,\ \bar{\mathfrak{b}}_\sigma$ affin in andere Strecken $\bar{\mathfrak{a}}'_\varrho,\ \bar{\mathfrak{b}}'_\sigma$ überführt, welche a erfüllen[1]. Nach a gibt es dann eine isotope ε-Deformation $\{\psi_t\}$ $(0 \leq t \leq 3)$ der Abbildung $\varphi\chi^{-1}$, so daß die Endabbildung auf $\bar{A}\bar{B}$ semilinear ist und die Abbildung $\varphi\chi^{-1}$ auf $\bar{\mathfrak{a}}'_\varrho$ und $\bar{\mathfrak{b}}'_\sigma$ und außerhalb einer beliebig kleinen Umgebung der Strecke $\bar{A}\bar{B}$ festbleibt. Dann ist $\{\psi_t\chi\}$ $(0 \leq t \leq 3)$ die verlangte Deformation der Abbildung φ. Sind die $\bar{\mathfrak{a}}_\varrho$ zu den $\bar{\mathfrak{b}}_\sigma$ nicht punktfremd, so wählen wir auf $\bar{\mathfrak{a}}_\varrho$ bzw. $\bar{\mathfrak{b}}_\sigma$ einen Punkt $\bar{A}_\varrho$ bzw. $\bar{B}_\sigma$ so nahe an $\bar{A}$ bzw. $\bar{B}$, daß die Strecken $\bar{A}\bar{A}_\varrho$ zu den $\bar{B}\bar{B}_\sigma$ punktfremd sind. Dann gibt es, wie bereits bewiesen, eine isotope ε-Deformation der Abbildung φ, so daß die Endabbildung auf $\bar{A}\bar{B}$ semilinear ist und die Abbildung φ auf $\bar{A}\bar{A}_\varrho$ und $\bar{B}\bar{B}_\sigma$ festbleibt. Die Abbildung φ bleibt dabei außerhalb einer beliebig kleinen Umgebung von $\bar{A}\bar{B}$, also insbesondere auf $\bar{\mathfrak{a}}_\varrho - \bar{A}\bar{A}_\varrho$ und $\bar{\mathfrak{b}}_\sigma - \bar{B}\bar{B}_\sigma$ und damit auf ganz $\bar{\mathfrak{a}}_\varrho$ und ganz $\bar{\mathfrak{b}}_\sigma$ fest.

---

[1] Dies folgt z. B. aus § 3 Satz I (S. 8).

Hilfssatz III. *Es sei* $\mathfrak{r}$ *ein Rechteck und* φ *eine topologische Abbildung der Ebene auf sich. Dann gibt es eine isotope ε-Deformation der Abbildung* φ, *so daß die Endabbildung auf dem Rande* $\mathfrak{a}$ *von* $\mathfrak{r}$ *semilinear ist. Dabei kann man annehmen, daß die Abbildung* φ *außerhalb einer beliebig kleinen Umgebung von* $\mathfrak{a}$ *festbleibt.*

Beweis. Sind A, B, C, D die Ecken von $\mathfrak{r}$, so gibt es nach Hilfssatz II (S. 62) eine isotope $\varepsilon/4$-Deformation $\{\varphi_t\}$ ($0 \leq t \leq 1$) der Abbildung φ, so daß die Endabbildung φ_1 auf der Strecke AB semilinear ist. Wir wählen auf AB einen Punkt B_1 so nahe an B, daß φ_1 auf der Strecke BB_1 affin ist. Nach Hilfssatz II gibt es eine isotope $\varepsilon/4$-Deformation $\{\varphi_t\}$ ($1 \leq t \leq 2$) der Abbildung φ_1, so daß die Endabbildung φ_2 auf BC semilinear ist und die Abbildung φ_1 auf BB_1 festbleibt. Wir können überdies annehmen, daß φ_1 auf der (zu BC fremden) Strecke AB_1 festbleibt. Die Endabbildung φ_2 ist bereits auf AB und BC semilinear. Indem wir dieses Verfahren noch zweimal anwenden, erhalten wir eine isotope ε-Deformation $\{\varphi_t\}$ ($0 \leq t \leq 4$) der Abbildung φ und die Endabbildung φ_4 ist auf $\mathfrak{a}$ semilinear. Da jede Deformation $\{\varphi_t\}$ ($i \leq t \leq i+1$, $i = 0 \ldots 3$) die Abbildung φ_i außerhalb einer beliebig kleinen Umgebung von $\mathfrak{a}$ festläßt, läßt die Deformation $\{\varphi_t\}$ ($0 \leq t \leq 4$) die Abbildung φ außerhalb einer beliebig kleinen Umgebung von $\mathfrak{a}$ fest.

Hilfssatz IV. *Es sei* $\mathfrak{r}$ *ein Rechteck und* $\mathfrak{q} = AB$ *ein geradliniger Querschnitt von* $\mathfrak{r}$, *der zu einer Seite von* $\mathfrak{r}$ *parallel ist.* φ *sei eine topologische Abbildung von* $\mathfrak{r}$ *in die Ebene, die auf dem Rande von* $\mathfrak{r}$ *semilinear ist. Dann gibt es eine isotope ε-Deformation der Abbildung* φ, *so daß die Endabbildung auf* $\mathfrak{q}$ *semilinear ist und* φ *auf dem Rande* $\mathfrak{a}$ *von* $\mathfrak{r}$ *festbleibt. Außerdem kann man annehmen, daß* φ *außerhalb einer beliebig kleinen Umgebung von* $\mathfrak{q}$ *festbleibt.*

Beweis. Wir ergänzen φ zu einer topologischen Abbildung Φ† der Ebene auf sich. A^-A^+ sei eine Strecke auf dem Rande $\mathfrak{a}$ von $\mathfrak{r}$, die den Punkt A im Innern enthält und so kurz ist, daß die Abbildung φ auf AA^- und AA^+ affin ist. B^-B^+ habe die entsprechende Bedeutung für den Punkt B. Nach Hilfssatz II (S. 62) gibt es eine isotope ε-Deformation $\{\Phi_t\}$ ($0 \leq t \leq 1$) der Abbildung Φ, so daß die Endabbildung Φ_1 auf $\mathfrak{q}$ semilinear ist und die Abbildung Φ auf den Strecken AA^-, AA^+, BB^-, BB^+ ungeändert bleibt. Überdies bleibt Φ außerhalb einer beliebig kleinen Umgebung von $\mathfrak{q}$, also insbesondere auf $\mathfrak{a} - A^-A^+ - B^-B^+$ fest und damit auf ganz $\mathfrak{a}$.

---

† Vgl. § 2 Satz III (S. 7) und § 1 Beispiel I (S. 5).

Bezeichnet φ_t die von Φ_t in $\mathfrak{r}$ induzierte Abbildung, so ist $\{\varphi_t\}$ $(0 \leq t \leq 1)$ die verlangte Deformation.

Hilfssatz V. *Eine topologische Abbildung φ eines Rechteckes $\mathfrak{r}$ in die Ebene, die auf dem Rande $\mathfrak{a}$ von $\mathfrak{r}$ semilinear ist, läßt sich durch eine isotope ε-Deformation in eine s-Abbildung überführen. Dabei kann man annehmen, daß die Abbildung φ auf dem Rande $\mathfrak{a}$ festbleibt.*

Beweis. Wir teilen das Rechteck $\mathfrak{r}$ durch äquidistante Parallele $\mathfrak{a}_\mu$ und $\mathfrak{b}_\nu$ $(\mu,\ \nu = 1 \ldots n-1)$ zu seinen Seiten in n^2 Teilrechtecke $\mathfrak{r}_{\mu\nu}$ $(\mu,\ \nu = 1 \ldots n)$ (Abb. 24). Dabei sei n so groß, daß die Durchmesser der φ-Bilder der $\mathfrak{r}_{\mu\nu}$ kleiner als $\varepsilon/7$ sind.

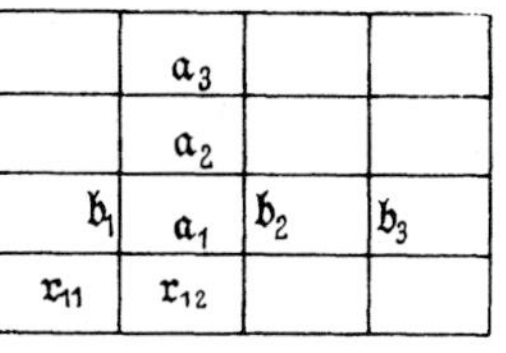

Abb. 24.

a) Durch $(n-1)$-malige Anwendung von Hilfssatz IV erhalten wir eine isotope $\varepsilon/7$-Deformation $\{\varphi_t\}$ $(0 \leq t \leq 1)$ der Abbildung φ, so daß die Endabbildung φ_1 auf den Strecken $\mathfrak{a}_1, \mathfrak{a}_2 \ldots \mathfrak{a}_{n-1}$ semilinear ist und die Abbildung φ auf $\mathfrak{a}$ festbleibt. Es bezeichne $\mathfrak{r}_\mu$ das Rechteck, das aus $\mathfrak{r}$ durch die Strecken $\mathfrak{a}_{\mu-1}$ und $\mathfrak{a}_\mu$ $(\mu = 1 \ldots n)$[1] ausgeschnitten wird und $\varphi_{\mu,1}$ die von φ_1 in $\mathfrak{r}_\mu$ induzierte Abbildung. $\mathfrak{b}_{\mu\nu}$ $(\mu = 1 \ldots n,\ \nu = 1 \ldots n-1)$ sei die Strecke, die $\mathfrak{r}_\mu$ aus $\mathfrak{b}_\nu$ ausschneidet. Durch je $(n-1)$-malige Anwendung von Hilfssatz IV erhalten wir zu jedem festen μ eine isotope $\varepsilon/7$-Deformation $\{\varphi_{\mu,t}\}$ $(1 \leq t \leq 2)$ der Abbildung $\varphi_{\mu,1}$, so daß die Endabbildung $\varphi_{\mu,2}$ auf den Strecken $\mathfrak{b}_{\mu 1}, \mathfrak{b}_{\mu 2}, \ldots, \mathfrak{b}_{\mu\,n-1}$ semilinear ist und die Abbildung $\varphi_{\mu,1}$ auf dem Rande von $\mathfrak{r}_\mu$ festbleibt. Die Deformationen $\{\varphi_{\mu,t}\}$ $(1 \leq t \leq 2,\ \mu = 1 \ldots n)$, alle gleichzeitig angewendet, ergeben eine isotope $\varepsilon/7$-Deformation $\{\varphi_t\}$ $(1 \leq t \leq 2)$ der Abbildung φ_1; die Endabbildung φ_2 ist auf den Strecken $\mathfrak{a}_1, \mathfrak{a}_2 \ldots \mathfrak{a}_{n-1}$ und $\mathfrak{b}_1, \mathfrak{b}_2 \ldots \mathfrak{b}_{n-1}$ semilinear und stimmt auf $\mathfrak{a}$ mit φ_1 und damit mit φ überein.

b) Es bezeichne $\varphi_{\mu\nu,2}$ die von φ_2 in $\mathfrak{r}_{\mu\nu}$ induzierte Abbildung. $\varphi_{\mu\nu,2}$ ist auf dem Rande von $\mathfrak{r}_{\mu\nu}$ semilinear. $\sigma_{\mu\nu}$ sei eine s-Abbildung von $\mathfrak{r}_{\nu\mu}$ auf das Flächenstück $\varphi_{\mu\nu,2}(\mathfrak{r}_{\mu\nu})$, die auf dem Rande von $\mathfrak{r}_{\mu\nu}$ mit $\varphi_{\mu\nu,2}$ übereinstimmt[2]. $\varphi_{\mu\nu,2}$ läßt sich durch eine isotope Deformation $\varphi_{\mu\nu,t}$ $(2 \leq t \leq 3)$, welche die Abbildung auf dem Rande von $\mathfrak{r}_{\mu\nu}$ festläßt, in die Abbildung $\sigma_{\mu\nu}$ überführen; denn $\sigma_{\mu\nu}^{-1}\,\varphi_{\mu\nu,2}$ ist als topologische Selbstabbildung von $\mathfrak{r}_{\mu\nu}$, die den Rand punktweise festläßt, nach dem Tietze-Alexanderschen Satz (S. 61) isotop in die Identität deformierbar.

---

[1] Dabei bezeichnen $\mathfrak{a}_0$ und $\mathfrak{a}_n$ die zu den $\mathfrak{a}_\nu$ parallelen Seiten von $\mathfrak{r}$.
[2] Vgl. § 2 Satz III (S. 7) und § 1 Beispiel I (S. 5).

Die Deformationen $\{\varphi_{\mu\nu,t}\}$ $(2 \le t \le 3)$, alle gleichzeitig angewendet, ergeben eine isotope Deformation $\{\varphi_t\}$ $(2 \le t \le 3)$ der Abbildung φ_2 und die Endabbildung φ_3 ist semilinear. Daher ist $\{\varphi_t\}$ $(0 \le t \le 3)$ eine isotope Deformation der gegebenen Abbildung φ in eine s-Abbildung und die Abbildung φ bleibt auf $\mathfrak{a}$ fest. Da die Durchmesser der Flächenstücke $\varphi(\mathfrak{r}_{\mu\nu})$ kleiner als $\varepsilon/7$ sind und $\{\varphi_t\}$ $(0 \le t \le 2)$ eine $2\varepsilon/7$-Deformation ist, sind die Durchmesser der Flächenstücke $\varphi_2(\mathfrak{r}_{\mu\nu})$ kleiner als $5\varepsilon/7$. Daher ist jede der Deformationen $\{\varphi_{\mu\nu,t}\}$ $(2 \le t \le 3)$ und damit auch $\{\varphi_t\}$ $(2 \le t \le 3)$ eine $5\varepsilon/7$-Deformation und daher $\{\varphi_t\}$ $(0 \le t \le 3)$ eine ε-Deformation.

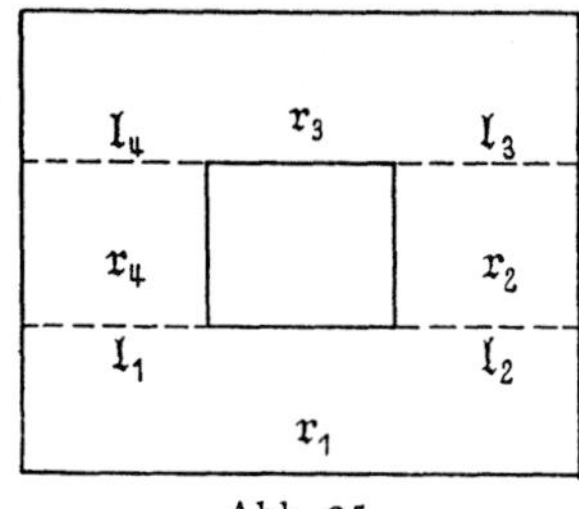

Abb. 25.

Hilfssatz VI. *Eine topologische Abbildung φ einer von zwei konzentrischen Rechtecken mit parallelen Seiten bestimmten Kreisringfläche $\mathfrak{R}$ in die Ebene, die auf dem Rande von $\mathfrak{R}$ semilinear ist, läßt sich durch eine isotope ε-Deformation in eine s-Abbildung überführen. Dabei kann man annehmen, daß φ auf dem Rande von $\mathfrak{R}$ festbleibt.*

Beweis. Wir ergänzen die Abbildung φ zu einer topologischen Abbildung Φ der Ebene auf sich[1]. Den Kreisring $\mathfrak{R}$ zerlegen wir wie in Abb. 25 durch die vier Strecken $\mathfrak{l}_1, \mathfrak{l}_2, \mathfrak{l}_3, \mathfrak{l}_4$ in vier Rechtecke $\mathfrak{r}_1, \mathfrak{r}_2, \mathfrak{r}_3, \mathfrak{r}_4$. Durch viermalige Anwendung von Hilfssatz II (S. 62) erhalten wir eine isotope $\varepsilon/2$-Deformation $\{\Phi_t\}$ $(0 \le t \le 1)$ der Abbildung Φ, so daß die Endabbildung Φ_1 auf den Strecken $\mathfrak{l}_1, \mathfrak{l}_2, \mathfrak{l}_3, \mathfrak{l}_4$ semilinear ist und die Abbildung Φ auf dem Rande von $\mathfrak{R}$ ungeändert bleibt[2]. Bezeichnet φ_t die von Φ_t in $\mathfrak{R}$ induzierte Abbildung, so ist $\{\varphi_t\}$ $(0 \le t \le 1)$ eine isotope $\varepsilon/2$-Deformation der Abbildung φ und die Endabbildung φ_1 ist auf den Strecken $\mathfrak{l}_1, \mathfrak{l}_2, \mathfrak{l}_3, \mathfrak{l}_4$ semilinear.

Durch viermalige Anwendung von Hilfssatz V erhalten wir eine isotope $\varepsilon/2$-Deformation $\{\varphi_t\}$ $(1 \le t \le 2)$ der Abbildung φ_1, so daß

---

[1] Vgl. § 2 Satz III (S. 7) und § 1 Beispiel I (S. 5).
[2] Vgl. Beweis von Hilfssatz IV (S. 66).

die Endabbildung semilinear ist und die Abbildung φ_1 auf dem Rande von $\Re$ festbleibt. Dann ist $\{\varphi_t\}$ ($0 \leq t \leq 2$) die verlangte ε-Deformation.

Satz I. *Eine topologische Abbildung φ der Ebene auf sich läßt sich durch eine isotope ε-Deformation in eine s-Abbildung überführen.*

Beweis. Es bezeichne $\mathfrak{r}_\nu$ das achsenparallele Quadrat um den Ursprung mit der Seitenlänge ν ($\nu = 1, 2 \ldots$) und $\mathfrak{a}_\nu$ den Rand von $\mathfrak{r}_\nu$. Nach Hilfssatz III (S. 66) gibt es zu jedem festen ν eine isotope $\varepsilon/2$-Deformation $\{\varphi_{\nu, t}\}$ ($0 \leq t \leq 1$) der Abbildung φ, so daß die Endabbildung $\varphi_{\nu, 1}$ auf $\mathfrak{a}_\nu$ semilinear ist und die Abbildung φ außerhalb einer beliebig kleinen Umgebung von $\mathfrak{a}_\nu$ festbleibt. Die Deformationen $\{\varphi_{\nu, t}\}$ ($0 \leq t \leq 1$, $\nu = 1, 2 \ldots$), alle gleichzeitig angewendet, ergeben eine isotope $\varepsilon/2$-Deformation $\{\varphi_t\}$ ($0 \leq t \leq 1$) der Abbildung φ und die Endabbildung φ_1 ist auf den Rändern $\mathfrak{a}_1, \mathfrak{a}_2 \ldots$ semilinear.

Es bezeichne $\Re_\nu$ das von den Rändern $\mathfrak{a}_{\nu-1}$ und $\mathfrak{a}_\nu$ begrenzte Ringgebiet ($\nu = 2, 3 \ldots$) und ψ_ν die von φ_1 in $\Re_\nu$ induzierte Abbildung. ψ_ν läßt sich nach Hilfssatz VI durch eine isotope $\varepsilon/2$-Deformation $\{\psi_{\nu, t}\}$ ($1 \leq t \leq 2$), welche die Abbildung auf $\mathfrak{a}_{\nu-1}$ und $\mathfrak{a}_\nu$ festläßt, in eine s-Abbildung überführen. Bezeichnet noch ψ_1 die von φ_1 in $\mathfrak{r}_1$ induzierte Abbildung, so läßt sich ψ_1 nach Hilfssatz V durch eine isotope $\varepsilon/2$-Deformation $\{\psi_{1, t}\}$ ($1 \leq t \leq 2$) in eine s-Abbildung überführen und man kann annehmen, daß ψ_1 auf $\mathfrak{a}_1$ festbleibt. Die Deformationen $\{\psi_{1, t}\}$, $\{\psi_{2, t}\} \ldots$ ($1 \leq t \leq 2$), alle gleichzeitig ausgeführt, ergeben eine isotope $\varepsilon/2$-Deformation $\{\varphi_t\}$ ($1 \leq t \leq 2$) der Abbildung φ_1 und die Endabbildung φ_2 ist semilinear. Daher ist $\{\varphi_t\}$ ($0 \leq t \leq 2$) die verlangte ε-Deformation.

Satz II. *Eine topologische Abbildung φ der Ebene auf sich mit Erhaltung der Orientierung ist isotop in die Identität deformierbar.*

Beweis. Nach Satz I können wir annehmen, daß φ eine s-Abbildung ist. $\mathfrak{e}$ sei ein 2-Simplex, in welchem φ affin ist und α die Affinität der Ebene, die in $\mathfrak{e}$ mit φ übereinstimmt. Da die Affinität α die Orientierung erhält, ist sie nach einem bekannten Satz der analytischen Geometrie isotop in die Identität deformierbar. Daher ist φ isotop in die Abbildung $\alpha^{-1}\varphi$ deformierbar. Diese läßt $\mathfrak{e}$ punktweise fest und kann daher nach dem TIETZE-ALEXANDER-schen Satz (S. 61) — der ungeändert für topologische Abbildungen des *Äußeren* einer Kreislinie[1] (bzw. einer Jordankurve[2]) gilt — isotop in die Identität deformiert werden.

Literatur.

[1] Alexandroff-Hopf: Topologie, Bd. I. Berlin 1935. — [2] Kerékjártó, v.: Vorlesungen über Topologie, Bd. I. Berlin 1923. — [3] Klein: Vorlesungen über Höhere Geometrie. Berlin 1926. — [4] Seifert-Threlfall: Lehrbuch der Topologie. Leipzig u. Berlin 1934.

Die Literaturhinweise in den Fußnoten beziehen sich auf die obigen Ziffern in eckigen Klammern.

---

[1] Der Beweis in Klein [3] S. 348, 349 läßt sich leicht auf diesen Fall übertragen.

[2] Für beliebige Jordankurven folgt dies daraus, daß das Äußere einer Jordankurve zum Äußeren einer Kreislinie homöomorph ist; Beweis s. Kerékjártó [2] S. 69.

5. K. Kramer und K. E. Schäfer. Der Einfluß des Adrenalins auf den Ruheumsatz des Skeletmuskels. DMark 2.30.
6. Beiträge zur Geologie und Paläontologie des Tertiärs und des Diluviums in der Umgebung von Heidelberg. Heft 2: E. Becksmann und W. Richter. Die ehemalige Neckarschlinge am Ohrsberg bei Eberbach in der oberpliozänen Entwicklung des südlichen Odenwaldes. (Mit Beiträgen von A. Strigel, E. Hofmann und E. Oberdorfer.) DMark 3.40.
7. Studien im Gneisgebirge des Schwarzwaldes. XI. O. H. Erdmannsdörffer. Die Rolle der Anatexis. DMark 3.20.
8. Beiträge zur Geologie und Paläontologie des Tertiärs und des Diluviums in der Umgebung von Heidelberg. Heft 4: F. Heller. Neue Säugetierfunde aus den altdiluvialen Sanden von Mauer a. d. Elsenz. DMark 0.90.
9. K. Freudenberg und H. Molter. Über die gruppenspezifische Substanz A aus Harn (4. Mitteilung über die Blutgruppe A des Menschen). DMark 0.70.
10. I. von Hattingberg. Sensibilitätsuntersuchungen an Kranken mit Schwellenverfahren. DMark 4.40.

Jahrgang 1940.

1. F. Eichholtz und W. Sertel. Weitere Untersuchungen zur Chemie und Pharmakologie der Heidelberger Radiumsole. DMark 2.20.
2. H. Maass. Über Gruppen von hyperabelschen Transformationen. DMark 1.20.
3. K. Freudenberg, H. Walch, H. Grieshaber und A. Scheffer. Über die gruppenspezifische Substanz A (5. Mitteilung über die Blutgruppe A des Menschen). DMark 0.60.
4. W. Soergel. Zur biologischen Beurteilung diluvialer Säugetierfaunen. DMark 1.—.
5. Annulliert.
6. M. Steck. Ein unbekannter Brief von Gottlob Frege über Hilbert's erste Vorlesung über die Grundlagen der Geometrie. DMark 0.60.
7. C. Oehme. Der Energiehaushalt unter Einwirkung von Aminosäuren bei verschiedener Ernährung. I. Der Einfluß des Glykokolls bei Hund und Ratte. DMark 5.60.
8. A. Seybold. Zur Physiologie des Chlorophylls. DMark 0.60.
9. K. Freudenberg, H. Molter und H. Walch. Über die gruppenspezifische Substanz A) 6. Mitteilung über die Blutgruppe A des Menschen). DMark 0.60.
10. Th. Ploetz. Beiträge zur Kenntnis des Baues der verholzten Faser. DMark 2.—.

Jahrgang 1941.

1. Beiträge zur Petrographie des Odenwaldes. I. O. H. Erdmannsdörffer. Schollen und Mischgesteine im Schriesheimer Granit. DMark 1.—.
2. M. Steck. Unbekannte Briefe Frege's über die Grundlagen der Geometrie und Antwortbrief Hilbert's an Frege. DMark 1.—.
3. Studien im Gneisgebirge des Schwarzwaldes. XII. W. Kleber. Über das Amphibolitvorkommen vom Bannstein bei Haslach im Kinzigtal. DMark 1.60.
4. W. Soergel. Der Klimacharakter der als nordisch geltenden Säugetiere des Eiszeitalters. DMark 1.40.

Jahrgang 1942.

1. E. Gotschlich. Hygiene in der modernen Türkei. DMark 0.60.
2. Studien im Gneisgebirge des Schwarzwaldes. XIII. O. H. Erdmannsdörffer. Über Granitstrukturen. DMark 1.60.
3. J. D. Achelis. Die Überwindung der Alchemie in der paracelsischen Medizin. DMark 1.40.
4. A. Benninghoff. Die biologische Feldtheorie. DMark 1.—.

Jahrgang 1943.

1. A. Becker. Zur Bewertung inkonstanter α-Strahlenquellen. DMark 1.—.
2. W. Blaschke. Nicht-Euklidische Mechanik. DMark 0.80.

Jahrgang 1944.

1. C. Oehme. Über Altern und Tod. DMark 1.—.

1945, 1946 und 1947 sind keine Sitzungsberichte erschienen.